KB104117

너의 여행을 응원해!

아이와 함께 유럽 한 달 살기 - 런던

너의 여행을 응원해!
아이와 함께 유럽 한 달 살기 - 런던

발 행 | 2023년 08월 02일
저 자 | 스윗조이, 강정원(딸)
펴낸이 | 한건희
펴낸곳 | 주식회사 부크크
출판사등록 | 2014.07.15(제2014-16호)
주 소 | 서울특별시 금천구 가산디지털1로 119 SK트윈타워 A동 305호
전 화 | 1670-8316
이메일 | info@bookk.co.kr

ISBN | 979-11-410-3823-6

너의 여행을 응원해!

아이와 함께 유럽 한 달 살기 - 런던

스윗조이, 강정원(딸)

CONTENT

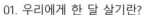
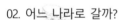

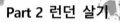

Part 2 런던 살기

제1장 런던 교통편과 교통 패스

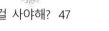

제2장 런던 숙소

제3장 런던 즐기기

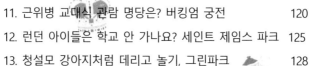

Part 3 런던 여행을 마치며

제1장 런던 살기 총정리

마치는 말

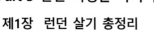

부록

들어가는 말

"또 어디를 가냐"고 합니다.

반복되는 일상에 쉽게 지치는 저는 새로운 곳을 가보고, 체험하고, 사진 찍고, 현지 음식을 맛보고 그런 것들을 좋아합니다.

아이가 태어나자 주말마다 아이를 데리고 전국을 다녔고, 아이가 돌 되기 전부터 시작해 가족들과 함께 필리핀, 태국, 홍콩, 일본 등 여러 나라를 여행했습니다.

주변에서는 엄마의 욕심일 뿐 아이는 아무것도 기억하지 못한다고 합니다. 고생만 시킨다고요.

아주 어릴 때는 그럴 수도 있어요. 그래서 사진과 영상을 더 많이 찍습니다. 여행을 다녀오면 사진으로 여행 앨범을 만들어 주었고, 영상은 두고두고 함께 보며 "그 음식 진짜 맛있었지", "그때 여기서 넘어져서 울었잖아" "거기 또 가고 싶다" 하면서 아이와 함께 기억들을 되새깁니다.

어쩌면 집을 떠나는 여행은 고생스럽고, 조금 불편하기도 하고, 지출이 많아 다녀오면 몇 달을 타이트하게 지내야 하기도 하지요. 그럼에도 여행에서 즐거웠던 기억과 다음 여행에 대한 기대는 일상을 또 열심히 살게 해주는 것 같습니다.

'아이와 함께하는 여행'은 부모가 아이에게 줄 수 있는 종자돈이라고 생각합니다. 여행지에서 부모와 함께 보고 듣고 느낀 것들이 아이의 인생을 다채롭고 풍성하게 해줄 거라 믿어요.

갔던 명소와 봤던 것들, 먹었던 음식을 다 기억하진 못하더라도 부모와 함께 공감하고 웃고 행복했던 기억은 아이의 기억 저장소에 오래 남아 아이를 지지해줄 테니까요.

저는 초등학생 딸을 키우는 평범한 엄마입니다. 외국어에 능통하지도, 사회성이 뛰어나지도 않아요. 그저 내가 좋아하는 것과 아이에게 줄 수 있는 이로운 것을 생각하며 여행 계획을 짭니다. 늘 머릿속에 '다음 여행지는 언제 어디로 할까?' 생각합니다.

평범한 저와 딸의 여행 기록이 '한 달 살기' 또는 '아이와 함께 여행'을 망설이시는 분들에게 즐거운 자극과 떠날 수 있는 용기가 되길 바랍니다.

고집스러운 나의 육아 스타일을 믿고 응원해 주시는 양가 부모님과, 한 달씩 혼밥도 마다하지 않으며 묵묵히 지원해 주는 남편에게 감사의 마음을 전합니다.
또 모든 여행 일정을 안전하고 건강하게 지켜 주시고 책을 출판할 수 있게 의미 있는 기회를 주신 하나님께 감사드립니다.

Part 1 여행준비

제1장 한 달 살기를 결심하기까지

01 우리에게 한 달 살기란?

아이가 어릴 때 부모와 함께 여행하는 것은 아이에게 좋은 영향을 끼칠 수 있는데, 무엇보다 여행은 가족의 유대를 강화하는 좋은 기회가 될 수 있다. 함께 새로운 경험을 하고 어려움을 극복하는 과정에서 가족들은 서로에게 의지하고 협력하게 된다. 이러한 경험을 통해 가족 구성원들은 더욱 가까워지고 서로를 더욱 이해하고 사랑하게 된다.

교육적인 경험도 중요하다. 여행은 아이들에게 교육적인 경험을 제공한다. 다른 문화와 역사를 접하고 새로운 장소를 탐험하면서 아이들은 지식과 시각적인 감각을 향상시킬 수 있다. 또한 실제 상황에서 배우고 경험하는 것은 학교나 책으로는 얻을 수 없는 귀중한 학습 기회가 된다.

　또 아이와 함께한 여행은 추억과 경험을 공유하는 소중한 시간이다. 함께한 여행에서의 재미있는 이야기, 웃음, 감동은 가족의 대화와 연결을 촉진시킨다. 이러한 공유된 경험은 가족 구성원들 사이에 특별한 연결고리를 형성하며, 추억을 오래 간직할 수 있다.

　여행 중에 아이들은 새로운 환경과 상황에서 자신을 발견하고 자아를 개발할 수 있는 기회를 얻는다. 여행을 통해 새로운 도전에 부딪히고 성취감을 느끼며, 자신에게 새로운 능력과 자신감을 발견할 수 있다. 이는 아이들의 성장과 자기 개발에 긍정적인 영향을 줄 수 있다.

　아이는 학교와 학원에서만 배우는 것이 아니다. 새로운 현장에서, 문화와 생각이 다른 낯선 사람들에게서, 힘들고 어려운 상황에서 아이는 배우고 자란다. 내가 아이와 함께 여행을 자꾸 계획하는 이유이다.

02 어느 나라로 갈까?

아이와 함께 여행할 나라를 선택할 때는 몇 가지 반드시
고려해야 할 요소가 있다.

안전과 보안

여행할 나라가 안전하고 아이들에게 적합한 환경인가, 여
행 경보, 범죄율, 의료 시설 등을 검토하여 아이의 안전을
최우선으로 고려해야 한다.

여행의 목적

아이들이 관심을 가지고 있거나 배울 수 있는 문화적, 교
육적 측면을 고려해야 한다. 역사적인 장소, 박물관, 공원,
동물원 등이 있을 경우 아이들의 호기심을 자극할 수 있다.

음식과 식사

아이들의 식습관과 선호도를 고려해 현지 음식이나 아이
들이 익숙한 식사를 제공하는 나라를 선택하는 것이 좋다.
여행에서 맛집 검색이 빠질 수 없는 것처럼 식사의 질에
따라 여행 만족도가 달라지기 때문이다.

언어와 의사소통

여행할 나라의 주요 언어와 아이들이 언어를 이해하고 소통할 수 있는지 확인해야 한다. 영어나 아이들이 배우고 있는 언어를 사용하는 나라를 선택하는 것이 도움이 될 것이다.

가족 친화적 활동

여행할 나라에서 아이들과 함께 즐길 수 있는 가족 친화적인 활동과 관광 명소가 있는지 알아보는 것이 좋다. 유아나 어린 아이들을 위한 놀이터, 테마 공원, 해변 등이 있는 경우 아이들과 함께 즐길 거리가 많아진다.

비용과 예산

여행 비용과 예산을 고려해야 한다. 아이들과 함께하는 여행에 필요한 비용을 계획하고 가족에게 합리적인 비용 대비 만족스러운 경험을 제공할 수 있는 나라를 선택하는 것이 중요하다.

아이의 관심과 선호도

아이의 관심과 취향에 따라 어떤 지역이 궁금하고, 어느 나라에 가보고 싶은지 사전에 많이 대화를 나눠보는 것이 좋다. 책이나 영상을 함께 보고 여행할 나라를 함께 정하면 무엇을 보고 어떤 체험을 하고 싶은지 계획 단계부터 아이를 적극적으로 참여시킬 수 있다.

그렇게 해서 우리가 정한 이번 한 달 살기의 목적지는 '런던'과 '파리'가 되었다.

03 가족 설득하기

'아이와 함께 하는 여행이 아이에게 좋다'라는 것에는 큰 이견이 없을 것이다. 그러나 어린 아이를 데리고 엄마가 혼자 한 번도 가본 적 없는 타국에 가이드나 지인도 없이 한 달씩이나 여행을 간다는 결정을 내리기 위해서는 함께 사는 가족과 걱정하실 부모님들을 설득할 필요가 있다. 안전에 대한 걱정이 가장 클 것이고, 학기 중에 떠나는 여행이라면 학습공백에 대한 대책도 세워야 한다.

우리의 한 달 살기 계획은 이미 6개월 전부터 나라 탐색과 자료 수집으로 슬슬 시작되고 있었기 때문에 아이도 이미 떠날 나라에 대한 관심이 생기고, 기대감에 충분한 동기부여가 되어 있었다. 나도 틈 날 때마다, TV나 주변에서 해당 도시와 나라에 대한 이야기가 나올 때마다 가족들에게 소개하며 내적 친밀감을 도모했다.

이번 여행은 학기 중에 가게 되어 공백이 생기는 학교 공부는 학습기로 대신했다. 인터넷 속도나 시차 등 여의치 않은 상황도 있었지만 학교 수업을 4주나 빠지는 만큼 하루도 거르지 않고 열심히 학습했다.

  우리가 여행했던 5월~6월은 런던과 파리도 학기 중이라 영어 캠프도 없는 시기여서 어학 공부는 기대할 수 없었다. 대신 숙소를 홈스테이로 정하고 호스트 가족과 친밀하게 지내며 생활 영어나 문화 등을 최대한 많이 접해 보기로 했다.

제2장 떠날 준비

01 항공, 숙소, 열차 예약하기

여행 계획이 잡혔다면 가장 먼저 해야 할 것이 항공, 열차와 같은 교통편을 확정하는 일이다. 여행 경비 부분은 따로 자세히 언급하겠지만, 여행에서 가장 큰 비용을 차지하는 부분이 바로 항공과 숙소라서 이 비용에 따라 여행 경비가 크게 달라진다.

항공권

항공권은 3개월 이전에 구매하는 것이 저렴하다고 한다. 날짜가 다가올수록 좌석 수가 줄고 항공권 가격이 올라가기 때문에 출 도착 도시를 정했다면 가능한 한 신속하게 항공권을 구매하는 것이 좋다.

항공권 검색 사이트는 '스카이스캐너(skyscanner)' 또는 '카약(kayak)'을 이용해 수시로 검색해 볼 수 있다. 단, 한 가지 팁은 같은 기간 같은 도시를 자주 검색하면 내 검색 기록이 남아 점점 가격이 올라간다. 따라서 크롬의 경우 '시크릿모드'로 해 놓고 로그인 없이 검색을 하면 기록이 남지 않아 매번 최저가로 확인할 수 있다.

항공편은 국적기가 가장 편하고 시간대도 좋지만 도착하는 국가의 항공기도 꼭 체크해 보자. 예를 들어 파리의 경우 대한항공과 에어프랑스는 같은 동맹체인 스카이팀이라 공동운항을 하고 있다. 같은 항공편을 대한항공에서도 판매하고 에어프랑스에서도 판매하여 대한항공에서 예약했지만 에어프랑스를 탈 수도 있고 에어프랑스에서 예약했지만 대한항공을 탈 수도 있다. 그런데 같은 항공편의 가격이 항공사에 따라 다르기 때문에 둘 중 저렴한 사이트에서 예약을 하면 된다.

참고로 다른 도시를 들렀다가 목적지까지 가는 환승편도 있다. 나는 개인적으로 먼 나라를 여행할 때 환승편을 꼭 포함해서 검색한다. 수화물을 찾지 않고 한 번 내렸다가 비행기만 갈아 타는 것이라 크게 불편하지 않기도 하고,

다른 한 나라를 잠시라도 경험할 수 있는 기회가 되기도 한다. 10시간 이상 장거리 비행이 체력적으로 힘들다면 중간에 잠시 끊어서 내렸다가 다시 타는 것도 나쁘지 않다. 게다가 직항보다 항공권 가격도 저렴한 편이라 시간만 여유롭다면 고려하지 않을 이유가 없다.

그러나 환승 시간이 1시간 미만으로 너무 빠듯하거나 반대로 12시간 이상 혹은 하룻밤을 보내야 할 만큼 너무 길면 예상치 못한 비용 지출과 에너지 낭비가 발생할 수 있어서 아이와 함께하는 여행에서는 권하고 싶지 않다.

우리는 이번에 그동안 모아 두었던 마일리지를 이용해 왕복 항공권을 예약했다. 마일리지 항공권(보너스 항공권)은 좌석수가 적고 이용하려는 사람이 많기 때문에 성수기나 연휴 기간에는 1년 전부터 예약이 마감되고 좌석을 확보하기가 어렵다.

우리도 한 번에 예약이 가능했던 것은 아니다. 아시아나와 대한항공에 편도로 대기예약을 걸어 놓고 여러 달을 기다려 먼저 출발 항공권이 확약 되고, 다행히 출발 직전에 돌아오는 비행기도 확약이 되었다.

항공사와 취항 노선, 성수기와 비수기, 성인과 유소아의 마일리지 공제율이 상이하기 때문에 이용하려는 항공사 홈페이지에서 자세히 확인하기 바란다.

Asiana

Korean Air

숙소

숙소도 선택지가 줄어들 수록 가격이 올라간다. 가능하면 빠르게 지역을 정하고 숙소를 예약하는 것이 좋다.

우리는 런던과 파리 두 도시에서 모두 홈스테이를 이용하기로 했다. 홈스테이의 장점은 호스트 가족과 함께 지내며 현지 생활과 문화를 접할 수 있다는 점, 현지의 정보(관광지, 맛집 등)를 쉽게 얻거나 혹시 모를 상황에 빠르게 도움을 얻을 수 있다는 점, 그리고 무엇보다 저렴하다는 점이다.

우리가 묵었던 숙소에 대해서는 다음 장에 자세히 기록하였다.

02 가고 싶은 곳, 하고 싶은 것 정하기

여행지가 런던으로 좁혀지면서 아이와 영화 해리포터 전편을 함께 보게 되었다. 나도 꽤 오랜만에 영화를 다시 보니 새롭고 재미있었다. 아이는 그 후로도 몇 번이나 반복해서 영화를 보았고 자연스럽게 해리포터 스튜디오가 첫번째 가고 싶은 곳이 되었다.

마침 TV에서는 한국의 유명 셰프와 연예인들이 영국의 옥스퍼드 대학교를 방문해 한국 음식을 급식으로 제공하는 방송과, 영국인 아빠가 아이들을 데리고 런던을 방문하는 방송이 나왔다. 그렇게 옥스퍼드 대학교와 2층버스도 리스트에 추가되었다.

런던은 피쉬앤칩스와 베이글을 많이 먹는다고 하니 숙소와 관광지 주변의 후기 좋은 음식점을 찾아 표시해 두고, 파리에서는 달팽이요리 맛집과 에펠뷰 포토 스폿을 찾아 모두 지도에 표시해 두었다.

갈 곳은 그때 그때 구글맵에서 '도시명' 폴더에 저장해 두면 편한데, 카테고리별로 저장하는 표시를 다르게 한다. 예를 들어 '하트'는 맛집, '가방'은 관광지, '별'은 교통으로 표시해 두면 해당 도시의 지도를 열었을 때 한 눈에 쉽게 알아볼 수 있다. 가까운 전철역이 어디인지, 한인마트는 어디 있는지, 루브르박물관에서 오르세미술관으로 건너가는 길에 어느 식당에 들러 점심을 먹을지 등등 쉽게 동선을 정할 수 있다.

03 가기 전에 해야 할 것들

유럽은 많은 역사적인 유적물과 건축물을 보유하고 있으며 예술사에 큰 영향을 끼친 유명 작가들의 작품들을 직접 만날 수 있는 곳이기도 하다. 이러한 유적물이나 예술 작품들을 사진에 공부해 둔다면 그들의 역사와 의미, 아름다움과 예술적인 가치를 더욱 깊이 이해하고 감상할 수 있다.

또한 유럽은 다양한 문화와 전통을 가진 다국적 대륙이라서 예술, 음악, 문학, 미식 등에서 다양한 문화적 영감을 찾을 수 있다. 예를 들면 그들의 축제에 얽힌 역사나 식탁 예절과 같은 문화적 특징과 차이점을 사전에 알고 간다면 진정한 '한 달 살기' 여행을 즐길 수 있지 않을까.

우리도 떠나기 전 런던과 파리에 관련된 책, 미술 작품이나 그리스 로마신화 관련 책들을 매주 도서관에서 빌려다 읽었다.

실제로 런던과 파리의 미술관에 갔을 때 책에서 보았던 작품을 찾아보거나 지나가다 아는 작품을 발견하면, 작품의 스토리에 대해 아이와 함께 다시 기억을 떠올려 볼 수 있었다. 이렇게 책에서 한 번, 현장에서 실물로 한 번 만난 작품과 유물들을 아이는 훨씬 더 오래 기억할 수 있을 것이다. 나중에 교과서에서 다시 보게 된다면 누구보다 재미있게, 적극적으로 수업을 할 수 있을 것이 분명하다.

책만 본 것은 아니다. 유럽에 관련된 것이라면 TV 방송이든 유튜브 영상이든 최대한 많이 접하려고 했다. 유튜브에서 우리가 방문할 박물관 이름이나 미술관 이름을 검색하면 현지 가이드나 전시 해설을 전문으로 하는 분들의 채널을 찾아볼 수 있다. 수많은 박물관과 전시품들 중에 어떤 작품을 보면 좋은지, 왜 그 작품이 유명한지, 역사와 시대적 배경을 통해 자세한 설명을 들을 수 있다.

영화도 런던이나 파리를 배경으로 하는 영화를 골라 보았다. 그 중에서 아이는 '패딩턴'이라는 영화를 좋아했다. 영화의 배경이 되었던 거리와 주택의 모습들이 실제 런던의 모습과 똑같아서 처음 런던에 도착했을 때 낯설지 않은 느낌이었다. 또 여행에 나왔던 골동품 가게도 실제 포토벨로 마켓에 있는 골동품 가게를 그대로 그리고 있어서 일부러 가게를 찾아 가보는 것도 우리에겐 즐거움이었다.

여행 전문가가 빈틈없이 짠 코스를 따라 꼭 봐야 할 관광지를 도는 것도 나름 알차고 뿌듯한 여행이 되겠지만, 우리 아이에게 맞는, 우리 아이가 가장 즐길 수 있는 여행을 하려면 준비 과정부터 아이의 취향과 의견이 들어가야 한다. 그러기 위해서는 아이와 함께 관련 책을 많이 읽어보고, 여행지를 배경으로 하는 영화나 영상을 찾아보는 등 아이와 함께 여행지에 대한 사전 준비는 꼭 필요하다.

제**3**장 계획은 끝났다

01 짐 싸기

아이와 함께 장기간 여행을 한다고 하면 기본적으로 짐
이 많아진다. 한 달 살기는 기간도 짧지 않기 때문에 이것
저것 챙겨야 할 게 많다. 어떤 걸 가져가고 어떤 걸 현지
에서 조달해야 할까, 많이 쓸 것 같았지만 실제 가서는 필
요하지 않았던 것들이나 '더 챙겨갈 걸…' 아쉬웠던 경험을
바탕으로 꼭 필요한 아이템과 유용한 팁들을 적어보려고
한다.

가방
수화물용 캐리어는 항공권에 허용된 범위에서 준비한다.
우리는 28인치 캐리어 두 개에 옷과 신발, 음식을 잘 배분

해서 담았고, 각자 백팩에 노트북과 학습기, 충전기, 보조 배터리 등을 챙겨 넣었다. 그리고 여권과 카드, 지갑 등을 넣을 간편한 크로스백도 맸다.

여권과 서류, 카드

여권은 혹시 모를 상황에 대비해 복사본과 여권사진 2장씩 각각 챙기고, 해외 입국심사 시에 귀국 항공권을 보여 달라는 경우가 있으니 귀국편 항공권을 출력해서 가져갔다. 또 엄마와 아이가 동반할 경우, 성이 다르기 때문에 가족 관계증명서를 영문으로 준비한다.

교통 카드와 외국에서 결제 가능한 카드가 필요한데, 런던의 경우 트래블월렛 컨택리스카드 하나로 교통과 결제, ATM 출금까지 모두 해결된다. 컨택리스카드에 대해서는 '런던 교통' 편에 자세히 기재하였다. 그 밖의 결제는 런던과 파리에서 모두 아주 작은 단위의 금액을 제외하고는 로컬 마켓이나 자판 상점에서조차 컨택리스카드 또는 애플페이로 결제가 가능했다.

의류와 신발

여행 기간의 현지 날씨를 미리 검색해 날씨에 대비한 옷을 챙긴다. 5월의 런던은 기온이 20도 전후였고, 6월의 파리는 런던보다 약간 높은 정도였기 때문에 반팔 티셔츠 몇 벌과 긴 팔 자켓을 챙겨 넣었다.

그런데 실제 런던의 날씨는 조금 더 쌀쌀했다. 얇은 패딩을 입은 현지인들도 많이 볼 수 있을 정도였다. 아울렛에 방문한 날 세일 중인 가디건을 사 입히고, 옥스퍼드에 방문한 날은 옥스퍼드 대학 로고가 박힌 후드 자켓을 구매해 여행 내내 잘 입었다. 5월까지의 런던은 경량 패딩을 챙겨도 좋을 것 같다.

신발은 아이의 경우, 운동화, 크록스, 플랫슈즈를 챙겨 갔는데, 운동화나 크록스만 신어도 충분했다. 워낙 많이 걷기 때문에 아이가 플랫슈즈는 발바닥이 아프다고 하여 딱 하루밖에 못 신었다. 파리에서는 날이 더워 땀이 많이 나기도 하고, 바닥 분수에 뛰어다니며 놀기도 하느라 운동화가 의외로 불편할 때도 있었다.

나도 날씨를 고려해 운동화와 샌들을 하나씩 챙겼다. 많이 걸어야 하니 발 편한 신발이 최고지만, 예약한 투어 중에 스냅 촬영이 있어서 원피스와 샌들을 준비했다. 파리 명소나 에펠탑을 배경으로 하는 스냅 촬영이니 꼭 원피스나 드레스가 아니더라도 어울리는 옷과 신발을 준비하는 것이 좋다.

세면도구와 위생용품

4주 분의 칫솔, 치약, 클렌징, 샴푸, 수건 등 숙소 제공 여부에 따라 세면도구와 위생용품을 챙긴다. 밖에서 보내는 시간이 많고, 야외에서 식사를 하는 경우도 많기 때문에 손소독제와 물티슈가 생각보다 많이 필요했다.

또 유럽은 공중화장실에 변기 커버가 없는 경우도 많고, 한국에 비해 열악한 환경이기 때문에 일회용 변기 커버도 챙겨서 가지고 다녔다.

식재료

아이와 함께 한 달을 보내야 하니 밥이 신경이 쓰였다. 즉석밥을 챙길 것인지, 쌀을 챙겨갈 것인지, 아니면 현지에서 쌀을 사서 밥을 해 먹을 것인지에 따라 짐이 달라질 것이다. 우리 모녀는 밥 대신 빵도 괜찮은 편이라 즉석밥 5개와 짜장라면 포함 봉지라면 10개, 컵라면 4개, 누룽지 몇 봉을 챙겨 넣었다. 요즘은 해외 어디를 가도 한국 라면을 살 수 있어서 굳이 라면을 10개나 싸가야 하나 생각했지만, 결론적으로 우리는 한식파가 아님에도 불구하고 한국 음식은 싸갈 수 있으면 많이 싸가라고 권하고 싶다.

김치는 냄새 나지 않는 캔김치를 가져 갔다. 한인 마트에서 부침가루를 사서 캔김치로 김치전을 해먹었는데 꽤 괜찮았다. 소포장으로 나오는 누룽지도 유용했다. 아침에 간편하고 빠르게 끓여 먹거나, 라면에 밥 대신 말아먹기 좋아서 누룽지는 출장이나 여행 시에 꼭 챙기는 필수품이다.

화장품과 비상약

필요한 걸 다 넣다 보면 짐이 너무 많아진다. 화장품은 아이와 함께 쓸 수 있는 로션 한 종류와 UV차단제만 챙겼다. 매일 야외활동을 해야 하니 UV차단제는 넉넉하게 두 통 담았는데 나중에는 모자라 한 통을 더 샀다. 자외선이 강해 팔 다리 잘 챙겨 바른다고 발랐지만 모녀가 둘 다 새까맣게 타서 돌아왔다. 자외선 노출이 많은 만큼 최소한의 관리를 위해 마스크 팩도 챙겨 가면 도움이 된다.

진통제, 해열제, 종합 감기약, 소화제, 연고와 밴드, 평소에 먹던 비타민과 영양제, 혹시 모르니까 코로나 검사 키트도 챙겼다. 그리고 많이 걸었을 때 다리 마사지에 좋은 사이프러스 오일도 가져가 저녁마다 다리 피로를 푸는데 잘 사용했다.

여행자보험

공항에 도착해 수화물을 받았는데 캐리어가 파손되었거나 분실되는 경우가 있다. 또는 캐리어를 끌고 다니다가 바퀴가 고장나기도 하고, 물놀이를 하다가 휴대폰을 물에 빠트려 먹통이 되는 경우도 있다. 여행을 다니다 보면 예상치 못한 별별 일이 발생한다.

여행자보험은 해외에서 사고가 나거나 아파서 병원을 이용할 때뿐만 아니라 분실이나 파손 등 여행 중에 일어날 수 있는 난처한 상황에 보상을 받을 수 있다.

아이와 장기간 해외에 머무는 사이 당연히 아무 일도 일어나지 말아야 하겠지만, 여행자보험을 가입해 두면 혹시 모를 일에 대비할 수 있다.

로밍 또는 유심

해외여행을 가면 휴대폰으로 지도를 계속 찾아야 하고, 사진이나 동영상을 찍어 SNS에 올리기도 하고, 한국에서 걱정하는 가족들에게 연락도 해야 하니 생각보다 데이터 소비량이 많다.

로밍은 한국 번호 그대로, 설정 따로 하지 않아도 해외에서 전화와 문자도 그대로 이용할 수 있다는 장점이 있다. 다만 데이터 사용량에 제한이 있고, 요금이 다소 비싼 편이다.

유심은 내 휴대폰에 물리적으로 심카드(sim card)를 바꿔 끼우는 것으로, 해외 현지 번호로 전화, 문자, 데이터를 이용할 수 있지만 한국과 전화, 문자를 주고받을 수는 없다. 유심을 이용할 경우 한국에서 미리 사가는 방법이 있다. 현지 공항에 도착해서 살 수도 있지만, 런던 공항은 유심 가격이 시내보다 10파운드 정도 비싸다. 따라서 한국에서 미리 사가지고 가면 공항 도착하자마자 유심을 바꿔 끼울 수 있으니 훨씬 경제적이고 마음도 편하다.

요즘은 **이심**(esim)을 많이 이용하기도 한다. 심카드(sim card)를 바꾸지 않고, 휴대폰 내에서 번호를 입력해 듀얼 심으로 설정해 주면 해외에서 넉넉하게 그리고 저렴하게 데이터를 이용할 수 있다. 단, 전화나 문자 서비스는 안 된다. 인터넷만 이용하고 통화도 카카오톡 같은 인터넷 전화만 쓸 경우 추천한다. 또 휴대폰 기종에 따라 이심이 안 되는 경우도 있으니 주문 전에 반드시 내 휴대폰 기종을 확인하자. 참고로 딸의 휴대폰은 아이폰X인데, 이심이 아이폰XR부터 가능하다. 나는 X만 보고 되는 줄 알고 주문했다가 딸 아이 폰에는 이용하지 못했다.

우리의 경우, 한국과 연락을 해야 했기 때문에 로밍은 필수였다. 30일간, 데이터는 가장 작은 것으로 선택하여 로밍으로 전화와 문자를 이용하고, 인터넷 데이터는 이심(esim)으로 쓸 수 있게 설정했다. 그리고 아이의 휴대폰은 현지에서 쓰리심(three sim) 대리점을 방문해 유심을 구매했다. 아이는 나의 데이터를 핫스팟으로 함께 이용해도 되긴 한데, 거리가 떨어지거나 혹시나 엄마를 잃어버렸을 경우를 대비해 유심을 끼워주었다. 아이에게도 구글맵 찾는 법을 알려 주었더니 아이가 길을 찾아 안내해 주기도 하고, 파파고를 이용해 놀이터에서 만난 외국 친구들과 대화를 하기도 하고 나름 잘 활용하며 여행 기간 내내 넉넉하게 사용했다.

호스트 선물

홈스테이로 신세를 질 외국인 호스트를 위해 선물을 준비했다. '한국을 잘 알릴 수 있으면서 부담스럽지 않고 대중적인 것이 뭐가 있을까' 생각하다가, 한류와 함께 외국인들이 K-뷰티를 좋아한다고 하니 K-뷰티의 대표 상품인 마스크 팩을 준비했다. 역시나 인기 만점이었다. 그리고 한국 전통 과자인 약과와 한국 소주도 함께 포장했다.

그 밖에 유용했던 것들

전기 플러그 – 영국은 230V G타입의 삼발이 모양 전원 플러그를 사용한다. 휴대폰 충전, 노트북, 학습기 등 전기를 꽂아야 하는 전자기기가 많기 때문에 우리는 영국용 플러그와 함께 여러 구 꽂을 수 있는 멀티탭도 챙겨갔다.

텀블러와 얼음 트레이 – 여행 중에는 많이 걷거나 주로 야외 활동을 하기 때문에 텀블러에 아이스커피를 받아서 가지고 다녔다. 숙소에 커피 머신이 있으면 훨씬 유용한데, 함께 챙겨 간 얼음 트레이로 얼음을 얼리고 에스프레소를

내려서 아이스커피를 만들어 텀블러에 담아서 나가기도 했다.

우산과 모자, 선글라스 – 날씨에 대비해 가벼운 접이식 우산도 넣고, 시기에 따라 비가 많이 예보되어 있다면 우비를 챙기는 것도 좋다.
유럽은 햇볕이 강하기 때문에 자외선 차단제와 함께 모자와 선글라스도 꼭 챙긴다. 어른뿐만 아니라 아이도 선글라스가 있는 것이 좋다.

실내 슬리퍼 – 일회용 슬리퍼를 챙기면 장시간 비행에 기내에서 편하게 신을 수도 있고, 유럽은 우리나라처럼 집에서 맨발로 다니지 않는 경우가 많아서 숙소에서 실내화가 필요할 수 있다. 항공사에 따라, 그리고 숙소가 호텔인 경우에는 슬리퍼를 제공하기도 하니 필요에 따라 챙길 것.

보조배터리 – 사진과 영상을 거의 하루 종일 찍으면서 다니다 보니 배터리가 금방 소진된다. 게다가 길 찾으려고 수시로 구글맵을 이용하고 내비게이션처럼 맵을 켜고 다니기도 하고, 핫스팟을 공유하는 경우에도 배터리 소모가 훨씬 더 많다. 따라서 보조배터리는 필수이다.

돗자리 - 런던에서도 파리에서도 우리는 잔디가 있는 공원에서 점심을 먹고 벌렁 누워 쉬기도 하며 피크닉을 많이 즐겼기 때문에 웬만하면 돗자리를 백팩에 넣어서 가지고 다녔다. 무게가 있어서 짐이 될 때도 있었지만 그래도 돗자리 덕분에 즐길 수 있었던 여유를 생각하면 꼭 필요한 아이템이었다.

02 현장체험학습 신청하기

　우리 아이가 다니는 학교는 '현장체험학습'으로 연간 20일이 인정된다. 4주의 여행기간을 세어 보니 주말과 공휴일을 빼고 현장체험학습으로 빠지는 날수가 17일이었다.

　담임선생님께는 사전에 유선으로 말씀을 드리고 체험학습 신청서를 작성해 제출했다. 신청서에는 여행 일정과 비행기 출도착 일정을 정확히 적어야 한다.

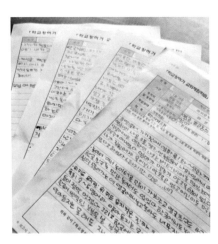

　여행을 다녀온 후에는 결과 보고서를 제출해야 하는데 기간이 긴 만큼 보고서에 작성해야 할 내용도 많다.

　우리는 여행 전 신청서는 엄마가 쓰고, 여행 후 보고서는 아이가 쓰기로 하였다.

여행 중에 방문했던 곳에 대해 간단히 메모나 기록을 남기도록 하면 아이가 나중에 보고서를 작성할 때 도움이 된다.

이번 여행을 시작하며 아이의 계정으로 블로그를 하나 만들었다. 블로그에는 아이가 찍은 사진들을 넣고 그날의 기억과 내용을 적어 기록을 남기도록 했다. 비록 여행 중에 포스팅은 몇 개 못 했지만, 나중에라도 사진과 추억의 기록장으로 잘 활용할 수 있기를 바란다. 아이 스스로 썼던 글들이 언젠가 도움이 될 것이다.

Part 2 런던 살기

제1장 런던 교통편과 교통 패스

01 공항 도착하자마자 만 원 뜯긴 사연

런던 히드로공항에서 런던 시내로 이동하는 방법은 지하철, 버스, 택시가 있다. 대부분의 여행객들은 빠르고 시설이 깨끗한 히드로익스프레스를 많이 이용한다. 만약 숙소가 패딩턴 근처라면 공항에서 패딩턴역까지 무정차로 15분만에 가는 히드로익스프레스를 추천한다. 급행 느낌의 엘리자베스 라인이 있는데 히드로익스프레스보다 저렴한데다 교통패스가 가능하고, 숙소와 가까운 곳에서 환승할 수 있으니 숙소가 패딩턴역과 먼 경우에 고려해 보면 좋은 방법이다.

우리는 지하철을 이용할 경우 무조건 1회 이상 환승을 해야 했기 때문에 대형 캐리어 두 개를 끌고 지하철역 계단을 오르내리며 아이와 함께 초행길을 헤매는 불편을 줄이기 위해 그냥 콜택시를 이용하기로 했다.

구글맵에서 목적지를 검색하면 자동차, 대중교통, 도보, 자전거와 같이 이동 옵션을 선택할 수 있는데, 거기서 볼트(Bolt)나 프리나우(FREENOW)와 같은 콜택시들의 요금을 비교해 해당 어플에서 부를 수 있다. 나도 유럽에서 많이 쓴다는 콜택시 3사의 어플(볼트, 프리나우, 우버)을 출발 전에 설치해 두었다. 문자 인증이 있어 결제 카드도 한국에서 미리 등록해 가는 것이 좋다.

우리도 그 중 가장 저렴한 회사의 택시를 골라 일단 불렀다. 공항 건물에서 바깥으로 나오면 주차장 건물로 연결되는데 사람들이 주차장 쪽으로 가기 위해 엘리베이터를 타는 공간이다. 차가 들어오지 못하는 곳인데 나는 그 위치에서 택시를 호출해 버렸고 카드에서 요금이 결제되었다. 그런데 큰일이다! 차를 어디서 타야 하는지 모른다! 휴대폰은 로밍을 해 와서 한국 번호 그대로이고, 기사님과 연락할 방법이 없다. 6분쯤 지났을까, 어플에서 기사님이 기다리다가 캔슬했다는 문자가 왔다. 취소 수수료 6파운드와 함께.

환율이 대략 1650원 정도라고 했을 때 거의 만 원 정도
를 런던에 도착하자마자 취소 수수료로 날렸다. '이게 뭐지?
눈 뜨고 코 베인다는 게 이런 건가?' 억울하고 황당하지만
챙겨야 할 아이가 있다. 정신을 차리고 기존에 쓰던 우버
어플을 열어 목적지를 다시 검색했다. 친절하게도 어플에
'Minicab Pick-Up Area, Level 4'라고 우버 탑승 위치가
표시되었다. 공항 건물을 나와 엘리베이터를 타고 주차장
4층으로 올라가면 우버 픽업 공간이 따로 있다.

드라이버가 배정되자 채팅할 수 있는 창이 생기고 직접 타

이핑하지 않아도 '가는 중'이라든가 '기다리고 있어요', '못 찾겠어요'와 같이 많이 쓰는 문장은 바로 클릭해서 보낼 수도 있어서 편했다. 물론 우버 외의 다른 콜택시 어플들도 이후에는 탑승 위치를 정확히 찍어서 잘 사용했다.

그렇게 공항에서 우버를 타고 숙소까지 무사히 도착할 수 있었고, 한두 푼 아끼자고 괜한 모험을 하지 말자는 교훈으로 런던 여행은 시작되었다.

02 오이스터카드/런던패스/트래블월렛, 어떤 걸 사야해?

런던 여행을 계획하거나 검색해 봤다면 '오이스터카드'라고 들어 봤을 것이다. 런던의 대중교통 (지하철, 열차, 버스, 보트)을 이 용하기 위한 충전형 카드로, 하 루 최대 요금이 적용되기 때문에  정해진 구간 내에서는 얼마든지 몇 번이고 대중교통을 타 고 내릴 수 있다. 단, 하루 최대 요금은 교통수단 간 환승 을 적용하지 않으므로 버스와 지하철을 섞어서 이용하면 각각의 최대 요금이 부과된다. 그래서 우리는 방문할 곳을 구글맵으로 검색해 버스를 탈지, 지하철을 탈지 결정하고 그날 하루는 한 가지 교통수단만 이용했다.

런던패스는 런던에서 주요 관광지와 명소들을 방문할 때 사용하는 패스로 1일, 2일, 3일 등 여행기간을 선택해 구매 할 수 있으며, 패스 기간 동안은 빅 버스와 시티 크루즈를 포함해 선택한 여행지를 무제한으로 방문하거나 이용할 수 있다. 교통요금도 포함되어 있어서 단기간 런던 여행에 주요 관광지를 많이 방문할 예정이라면 생각해볼만 하다.

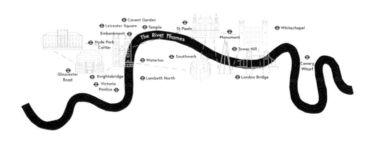

<출처: londonpass.com>

2주간 런던에 머물렀던 우리는 런던패스를 이용하지 않았다. 앞서 말한 것처럼 런던패스는 단기간에 여러 곳을 방문할 때 유리한 것인데, 우리는 보통 하루에 한 곳 방문하거나 무료 관광지에 더 많이 갈 예정이었기 때문에 별도로 입장료를 지불하는 것이 더 유리했다.

다시 교통패스로 돌아와서, 예전에는 런던여행을 3일 이상 한다 하면 거의 무조건 '오이스터카드' 만들기를 추천했으나 2023년 기준 별도의 오이스터카드를 만들지 않아도 된다. 필요한 건 바로 '**컨택리스카드(Contactless Card)**'.

Contactless cards

If your bank card shows the contactless payment symbol, you can use it to pay as you go straight away. You'll pay an adult rate fare.

Many contactless cards issued outside the UK can be used to pay as you go for travel (overseas transaction fees may apply):

지금 내 지갑을 열어 신용카드 뒷면을 살펴보자. 와이파이가 옆으로 누운 표시가 있고, 한국에서 교통카드로 사용할 수 있는 카드라면 런던에서 컨택리스카드로 사용할 수 있다. 그대로 교통카드도 되고 마트나 식당에서 결제도 할 수 있다. 별도의 오이스터카드를 만들기 위해 7파운드를 지불하지 않아도 된다.

그런데 만약 컨택리스카드가 없어서 신규로 카드를 만든다면 '트래블월렛'이나 '트래블로그' 카드를 추천한다. 우리도 이번 여행 전에 '트래블월렛' 카드를 신규로 만들어 갔는데 그대로 교통카드와 결제카드로 잘 사용했다. 심지어 한국에서 파운드 환전을 전혀 해가지 않고 트래블월렛 카드로 런던 시내에 있는 은행에서 수수료 없이 파운드를 인출할 수 있었다. 단 출금이나 사용 전에 해당 국가의 환율로 필요한 금액만큼 환전 신청을 해 놓아야 한다.

컨택리스카드로 6일 이상 대중교통을 이용하게 될 경우 '캡(Cap)'이라고 하여 일간(Daily), 주간(Weekly), 월간(Monthly) 상한액을 설정할 수 있다. 상한액 설정에 관해서는 아래 오이스터 관련 페이지의 내용을 참고하기 바란다.

런던에서 어른이 오이스터카드나 컨택리스카드로 대중교통을 이용할 경우, 만 10세까지 어린이는 최대 4인까지 무료로 동반 탑승이 가능하다. 11~15세 동반 시에는 '영비지터 오이스터카드'를 50% 할인된 가격으로 이용할 수 있고,

이용 기간이 16일 이상 넘어가는 경우에는 '집오이스터카드 (Zip Oyster Card)'라는 것이 있다. 집오이스터카드는 별도의 발급비(15~20 파운드)가 있으니 이용 기간과 횟수 등을 따져

보고 이득이 되는지 체크해야 한다. 카드를 발급받기로 했다면 소요되는 시간을 고려해 최소 한 달 전에 미리 신청하는 것이 좋다.

트래블월렛 카드	트래블로그 카드	오이스터 카드

런던 튜브맵	런던 국철맵	런던 버스맵

제2장 런던 숙소

01 유럽 여행, 어떤 숙소로 할까?

해외 여행에서 항공권과 함께 가장 중요한 숙소, 더구나 2주 이상 머물 장기 숙소이기에 어느 지역, 어떤 형태의 숙소를 예약해야 할지 생각이 많았다. 여행자의 성향에 따라, 또는 여행기간이나 여행지에 따라 숙소의 종류가 달라질 수 있으니 유럽 여행에서 선택할 수 있는 숙소의 종류를 간단히 알아보자.

유럽 여행 숙소의 종류로는 호텔, 에어비앤비, 게스트하우스, 호스텔, 장기 렌탈 아파트, 하우스 시팅, 워크스테이 등이 있다.

가장 먼저 떠오르는 숙소는 **호텔**이다. 등급과 가격대에 따라 차이가 있지만 일반적으로 호텔은 편안하고 안전한 환경을 제공하며 레스토랑, 헬스장, 컨시어지, 수영장 등의 부대시설을 갖추고 있다. 그러나 상대적으로 가격대가 높아 중장기 여행에서는 경비 부담이 커질 수 있고, 전 세계 어딜 가나 비슷한 환경과 컨디션을 제공하기 때문에 지역적인 매력을 느끼기 어려울 수 있다.

여행자들이 많이 선택하는 숙소로 **에어비앤비** (Airbnb)가 있다. 주로 개인 집이나 아파트를 렌탈하여 숙박 공간으로 제공하기 때문에 다양한 크기와 스타일의 숙소를 선택할 수 있고, 주방과 세탁기 등의 시설을 이용할 수 있어 장기 여행자들에게 특히 유용하다. 또 현지 문화를 경험할 수 있다는 장점이 있지만, 호스트의 신뢰성과 숙소 상태에 대한 주의가 필요하다.

게스트하우스 (Guest House)는 소규모 숙박 시설로, 개인 객실 또는 다인실을 제공한다. 호스트 가족이나 여러 나라의 여행자들과 함께 생활하며 교류할 수 있다는 점, 그리고 상대적으로 저렴한 가격이 장점이다. 그러나 편의 시설이 제한적이고 욕실, 주방, 거실 등을 공용으로 사용하기 때문에 프라이버시와 조용한 휴식을 원하는 경우에는 부적합할 수 있다.

한 달 이상 장기 여행을 계획 중이라면 장기 **렌탈 아파트**도 고려해 볼 수 있다. 주거용 아파트로 필요한 시설과 가구가 완비되어 있어 편리하고, 자신만의 공간을 가지고 현지 생활을 체험할 수 있는 경제적인 선택지이다. 그러나 찾을 수 있는 정보가 제한적이고 나의 여행기간에 맞는 집을 구하는 것도 쉽지 않다. 시설이 고장나거나 문제가 생겼을 때 관리해줄 곳이 있는지, 치안은 안전한지 등 확인하고 신경 써야 할 부분이 많다.

하우스시팅 (House Sitting)은 집 주인이 여행 중에 자신의 집을 맡길 사람을 찾는 제도이다. 여행자는 집에 머무르면서 집의 관리와 보안을 담당하고, 그 대가로 무료 숙박을 할 수 있다. 장기 여행자들에게 특히 저예산 여행자들에게는 매력적인 숙박 형태이다. 그러나 자유로운 환경에서 무료로 머물며 현지 생활을 체험할 수 있다는 장점은 있지만, 집 주인의 요구에 따라 집의 관리와 유지에 일정한 책임이 따를 수 있다.

워크스테이 (Workstay)는 일을 해주며 대신 숙박을 제공받는 형태의 숙소이다. 유럽의 일부 지역에서는 농장, 양봉, 와이너리 등에서 일하며 무료로 숙박할 수 있는 기회를 제공한다. 워크스테이를 통해 새로운 문화를 체험하고 현지 사람들과 교류하며 새로운 경험을 쌓을 수 있다는 점은 매력적이지만, 일거리에 따라 노동 강도와 시간이 상이할 수 있다. 여행자에게는 관광할 시간이 그만큼 줄어드는 것이니 잘 알아보고 선택해야 한다.

자유롭고 모험적인 경험을 즐길 수 있는 숙소로, 최근 트렌드가 된 **캠핑카**도 있다. 캠핑카는 이동과 숙박을 동시에 해결할 수 있는 멋진 옵션이다. 마음에 드는 장소에서 숙박을 할 수 있고, 자연과 밀착된 경험을 즐길 수 있다. 또 캠핑카에는 주방, 침대, 화장실, 샤워 시설 등 필수 편의시설이 갖추어져 있기 때문에 동선 낭비 없이 숙식을 해결하고 예산을 절약할 수 있다. 하지만 큰 차량을 운전할 수 있는 국제면허증을 소지하고 있어야 하고, 운전과 주차의 어려움, 제한된 공간, 캠핑장 예약과 같은 단점도 고려해야 한다.

02 홈스테이를 선택한 이유와 비용

 우리는 런던에서 머물 숙소로 홈스테이를 선택했다. 홈스테이는 현지 가정에서 호스트 가족과 함께 숙박하는 형태의 숙소이다.

호스트 가족이 살고 있는 집에 방 한 칸을 내어준 것이기 때문에 보통 욕실이나 주방을 공용으로 사용해야 하고 공간적, 시간적인 제약이 있을 수 있다. 또 호스트의 성향, 가족 구성, 집의 위치와 시설 등 모든 정보를 사전에 파악하기 어렵기 때문에 호스트 선택이 쉽지 않다. 그럼에도 우리가 홈스테이를 숙소로 정한 이유가 몇 가지 있다.

첫째, 아이가 현지 생활과 문화를 가장 가까이에서 접할 수 있는 기회이기 때문이다. 아이는 매일 호스트 가족들과 대화하고, 함께 먹고, 웃고, 즐기는 과정에서 우리와 다른 문화, 생활, 음식, 생각을 접할 수 있었고 언어 그 이상의 것을 느끼고 배울 수 있었다.

둘째, 낯선 나라, 낯선 공간에서 보호자가 필요했다. 호스트 가족은 우리가 런던에 도착하는 시간과 교통편을 미리 체크해 찾아오는 길을 안내해 주었고, 직접 반갑게 맞아주었다. 런던의 호스트 가족은 맞벌이 부부라 아침 일찍 출근하고 저녁에 돌아왔는데, 매일 우리가 어떻게 즐기고 있는지, 내일은 또 어디 갈 건지 관심을 가지고 체크하며 불편한 점이나 필요한 건 없는지 물어봐 주었다. 주말에는 자신들의 일정을 미리 알려 주어 함께 생활하는 공간에서 불편함이나 당황하는 일이 없도록 최대한 배려해 주었고, 시간이 날 때마다 차와 간식을 챙겨 주었다. 호스트 부부는 이미 딸 셋을 출가시키고 손자가 열 살이라고 했다. 그래서인지 우리 모녀를 더 신경 써 주었던 것 같다. 그런 과정에서 우리는 심리적으로 안정을 느끼고 편안하게 여행을 할 수 있었다.

셋째, 가장 정확하고 자세한 지역 정보를 얻을 수 있다. 여행지에 가면 한국인 맛집이나 인터넷 후기보다 현지인들이 줄서는 식당, 현지인들이 많이 가는 로컬 시장을 찾는 것을 좋아한다. 홈스테이를 하면 호스트로부터 지역 관광지나 장소에 대한 팁을 얻을 수 있고, 필요한 정보와 도움을 받을 수도 있다. 예를 들면 "어느 마켓 과일이 싸고 맛있다"라든가, "이 동네에서 가장 맛있는 피쉬앤칩스 가게"와 같은 깨알 같은 정보를 얻을 수 있고, 혹시 전화 예약이나 문의가 필요한 경우 호스트에게 대신 부탁할 수도 있다.

넷째, 상대적으로 비용이 저렴하다. 우리가 묵었던 숙소는 지하철역 바로 앞에 있는 깨끗한 아파트였는데, 당시 환율로 2인 1박에 10만원 정도였다. 2존이기는 하지만 보통 지하철 한두 번이면 거의 모든 관광지에 갈 수 있고, 집 앞에 버스도 많아서 이동이 편했다. 같은 지역에서도 에어비앤비보다 저렴한 편이라 현지 물가나 호텔 비용을 감안했을 때 숙박비를 많이 절약할 수 있었다.

홈스테이는 호스트가 공간만 공유하는 것이 아니라 생활과 문화까지도 공유하려는 마음으로 게스트를 받는 경우가 많기 때문에 기꺼이 저렴한 비용에 제공하는 것 같다.

런던에서의 호스트 아주머니는 우리가 동네 산책을 나갈 때 본인의 킥보드를 빌려주기도 하고, 가끔 집에 함께 있을 때는 저녁을 같이 먹자고 권하기도 하는 등 마치 친척 집에 머무는 것처럼 편하게 대해 주었다.

이번 여행에서 우리에게는 홈스테이가 가장 좋은 선택지였고, 다음에 다른 나라로 또 한 달 살기나 장기 여행을 간다면 그 때에도 가장 먼저 홈스테이를 찾아볼 생각이다.

* 우리가 홈스테이 정보를 찾고 예약했던 사이트

홈스테이 초대코드

제3장 런던 즐기기

01 시티 크루즈를 타고 한 눈에 훑어보는 런던

런던에는 템즈 강을 따라 런던 시내를 돌아보며 아름다운 경치와 유명 관광 명소들을 감상하는 유람선 '시티 크루즈(City Cruise)'가 있다. 배를 타고 런던아이, 웨스트민스터, 타워 브리지, 테이트 모던, 더 샤드, 그리니치 등 유명한 장소들을 한 눈에 훑어보며 런던의 역사와 문화에 대해 영어로 설명을 들을 수 있다.

시티 크루즈는 다양한 시간대와 제공 옵션을 선택할 수

있는데 일부 투어에는 점심식사나 저녁식사, 애프터눈티가 포함되어 있기도 하다. 우리는 식음료가 포함되지 않은 일반 유람선을 선택했고, 하루동안 자유롭게 타고 내릴 수 있는 옵션(24h Hop-On Hop-Off River Pass)을 구매했다. 이 옵션은 웨스트민스터와 그리니치를 왕복하는 중간에 런던아이와 타워 브리지에서 자유롭게 내려 관광지를 구경하고 다시 탈 수 있는 원데이 패스이다.

먼저 오전에 웨스트민스터에서 타서 타워 브리지까지 이동한 후 내려서 포터스필즈 공원에서 점심을 먹고 놀다가 다시 시티 크루즈를 타고 그리니치로 갔다. 그리니치 천문대와 공원에서 시간을 보낸 후 다시 시티 크루즈를 타고 타워 브리지로 돌아왔다.

유람선은 2층이 야외 갑판으로 되어 있고 1층은 실내인데 대부분 사람들이 2층 자리를 선호한다. 2층에서도 관람하기 좋은 자리는 진행 방향으로 오른쪽, 중간에서 뒤쪽 좌석이다. 하지만 2층 좌석은 해를 가려줄 것이 없으니 햇볕이 강한 날에는 모자나 선글라스를 꼭 지참하는 것이 좋다.

타워 브리지에서 그리니치로 가는 길엔 2층 햇볕이 너무 뜨거워 1층에 내려와 맨 앞줄에 자리를 잡았다. 배의 앞면이 커다란 투명창으로 되어 있어서 바깥이 잘 보이기도 하고, 강물에 파도가 일어 높이까지 물이 부딪힐 때는 물에 빠지는 것처럼 느껴져서 아이가 재미있어 했다.

1층에는 스낵이나 음료수, 아이스크림 등 사 먹을 수 있는 작은 매점도 있다. 돌아다니며 구경하던 아이가 갑자기 오더니 컵라면을 먹겠다는 것이다. 매점에서 한국 컵라면을 본 모양이다. 외국 여행을 가면 더욱 강하게 당기는 라면 맛을 나도 모르는 것은 아니지만, 외국인들이 주변에 이렇게 많은 배 위에서 식사 시간도 아닌 타이밍에 라면 냄새를 풍기며 컵라면을 아이에게 먹일 수가 없었다. 안 된다고 하면 더 때를 쓰는 것이 아이들이다. 라면을 놓고 한참을 아이와 실랑이를 해야 했다. 결국 라면은 저녁에 숙소에 돌아가 끓여 주는 것으로 하고 아이스크림으로 타협을 봤다. 그 때는 '갑자기 크루즈 위에서 라면이라니' 하면서 아이에게 화를 냈지만, 생각해 보면 많이 걷고 돌아다니는 만큼 아이는 자주 배가 고파 했다. 여행 기간에는 삼 시 세끼 잘 먹이고 간식도 따로 챙기며 아이의 건강한 컨디션을 유지하는 것이 중요하다.

　시티 크루즈는 천천히 이동하는 유람선이라서 튜브나 버스보다는 시간이 오래 걸린다. 또 설명도 영어로만 나오다 보니 알아듣지 못하는 경우엔 지루하게 느껴질 수도 있다. 여행 일정에 따라 빠듯한 경우에는 반드시 추천하는 것은 아니다. 런던 여행을 시작하기 전 반나절정도 유람선 자체를 즐기거나, 우리처럼 그리니치 가는 날의 이동수단으로 이용하면 좋을 것 같다.

런던 시티크루즈

주소	Westminster Pier, London SW1A 2JH 영국
입장료	홈페이지 참조
운영시간	10:00~17:00 (매일)
홈페이지	https://www.cityexperiences.com/london/

02 아이가 꼽은 런던 베스트 1위, 자연사박물관

박물관 메인 홀에 들어서면 천장에 매달린 거대한 화석에 놀랄 것이다. 사진에서 보던 것보다 규모가 훨씬 더 크다. 공룡처럼 보이지만 사실은 고래 화석이다.

런던 자연사박물관은 아이와 함께 여행하는 가족들에게 가장 인기있는 방문지 중 하나일 것이다. 단순히 화석이나 곤충, 동물들의 역사를 전시해 놓은 곳이 아니다. 공룡 뼈 화석, 실제 크기의 곤충과 동물의 박제, 그리고 외계 행성과 별들에 대한 흥미로운 정보를 발견할 수 있다. 이 지구에 존재했던, 그리고 살아있는 모든 것들의 역사를 아이들이 직접 손으로 만지고, 온 몸으로 느껴 보고, 탐험할 수 있는 상호작용 전시물들도 많아서 아이들의 호기심과 탐구심을 자극한다.

블루(동물)/그린(진화)/레드(지구)/오렌지(생물표본) 이렇게 색상으로 구분되어 있어서 아이가 관심있는 분야를 먼저 골라볼 수 있는데 우리는 시간이 모자라 하루만에 다 못 보고 나와야 했다. 그래서 다른 날 한 번 더 방문해서 못 봤던 곳을 마저 관람했다.

가장 어린이들이 많이
모이는 곳은 동물과 공룡
이 있는 공간이다. 공룡은
움직임과 소리까지 효과를
주어 어린 아이들은 진짜
라고 해도 믿을 정도였고,
동물들도 실제 크기 그대
로 박제된 모습이 실물과
흡사하다.

복도 끝에는 나무를 타고
올라가는 모습의 2층 높이
정도 되는 동물의 뼈 화석이 전시되어 있다. 처음엔 공룡
인 줄 알고 앞에서 사진을 찍었는데 내용을 번역해서 보니
나무늘보였다.

"그래서 나무 타는 모습으로 전시해 놓았구나."

"천적이 없었다는 걸 보니 사람들에 의해 멸종되었구나."

직접 눈 앞에서 실제 크기를 보고, 설명도 스스로 번역해
서 읽어본 아이는 엄마의 추가 설명이 필요 없었다. 스스
로 생각하고 깨닫는다.

지구 존에서는 땅 속에서 일어나는 움직임, 지진에 대해

자세히 알아보고, 실제 일본 고베에서 있었던 지진의 강도를 체험해 보며 우리가 사는 지구가 지금도 움직이고 살아있다는 것을 배울 수 있다. 또 각종 희귀한 보석들을 볼 수 있는데 아주 큰 보석부터 신기한 모양의 보석, 여러 색깔이 섞인 보석이나 털이 난 보석도 있었다.

박물관은 아이들을 위한 교육적인 활동과 워크샵도 제공한다. 시기를 잘 맞추면 특별 전시나 공룡 관련 영상도 볼 수 있으니 여행을 계획할 때 홈페이지에서 미리 정보를 확인하는 것이 좋다.

자연사박물관은 무료 입장이 가능하지만, 워낙 방문객들이 많기 때문에 방문 날짜와 시간 예약은 필수이다.

런던 자연사박물관

주소	Cromwell Rd, South Kensington, London SW7 5BD 영국
입장료	무료
운영시간	10:00~17:50 (매일)
홈페이지	https://www.nhm.ac.uk/

03 미술관 이렇게 재밌는 곳이었어? 내셔널갤러리

  이번 여행은 미술관, 박물관 관람이 많기 때문에 여행 준
비를 하는 과정에서 미술관이나 미술작품 관련 책을 아이
와 함께 읽으며 미리 친해지는 연습을 했다.

책은 주로 도서관에서 빌려서 학교 가기 전 아침을 먹으며 같이 읽었고, 읽은 책들 중에 '기묘한 미술관'이라는 책이 기억에 많이 남는다. 각각의 미술 작품들에 대해 작가와 배경, 역사와 문화 등 작품이 만들어진 스토리를 재미있게 풀어 놓은 책으로 아이와 함께 읽기에도 어렵지 않았다.

이렇게 미술관을 방문하기 전에 책이든 영상이든 아이와 함께 작품을 먼저 접해보는 것을 추천한다. 예를 들어 "내셔널 갤러리에 가면 렘브란트 판레인의 <34세의 자화상>을 찾아보자!"라든가 "마리 로랑생이 그린 <마드모아젤 샤넬의 초상화>는 오랑주리 미술관에 전시되어 있대! 우리 파리에 가면 오랑주리 미술관에도 꼭 가보자."며 우리만의 재미있는 미션을 만들 수 있고, 그렇다면 아이는 잘 기억해 두기 위해 작품을 더 유심히 보게 될 테니까.

한스 홀바인의 〈대사들〉이라는 작품은 한 눈에 봐도 지위나 신분이 높은 두 남자의 초상화라는 것을 알 수 있다. 비싸 보이는 옷과 뒤에 장신구처럼 늘어 놓은 지구본, 해시계, 망원경, 책과 현악기 등 일상생활에서는 흔하지 않은 것들을 보면 신문물에 관심이 많은 지식인들로 보인다. 그 시대에 틱톡이나 인스타그램 같은 SNS가 있었다면 과시욕 충만한 이 두 분은 아마 인플루언서이지 않았을까?

그런데 바닥에 그림과 전혀 어울리지 않는 무언가가 있다. 아이는 책에서 볼 때부터 계속 이 부분을 신경 썼다. 실제 내셔널갤러리에서 만난 〈대사들〉은 가로, 세로 길이가 2미터가 넘는 커다란 작품으로 아주 크고 자세하게 소품 하나하나를 확인할 수 있었다. 그리고 바닥에 그려진 의문의 정체는 해골이었다. 해골은 '죽음을 기억하라'는 의미라고 한다. 아무리 의미를 그림에 숨겨 놓는다고 해도 뜬금없이 입체 해골이라니 예술은 여전히 나에겐 난해하다.

아놀드 브론치노의 〈비너스와 큐피드의 알레고리〉라는 작품은 그림만 보면 아이와 함께 보기 민망할 정도로 외설적이다. 여자와 남자, 아이와 노인이 요상한 자세를 하고 있고 그림에 나오는 인물들도 자세히 보면 다 따로 노는 듯 이상  하다. 그런데 이 이상한 그림이 피렌체 메디치가에서 프랑스 왕에게 보낸 특별한 선물이었다고 한다. 로마신화의 에피소드인 것처럼 보이는 이 그림 속에는 사랑과 쾌락, 어리석음, 기만, 질투와 정욕과 같은 메세지가 담겨 있다. 메디치 가문은 대체 무슨 의미로 프랑스 국왕에게 이런 그림을 보냈을까? 프랑스 왕은 그 메세지를 제대로 읽었을까?

결국 이런 그림들을 이해하려면 유럽의 역사, 문화, 그 당시에 있었던 사건과 인물의 관계를 알아야 하고, 그리스 로마신화에 나오는 신들의 역할도 알고 있어야 한다는 이야기다. 예술과 문화, 역사, 그리고 여행은 모두 연결되어 있구나 하는 생각이 들었다.

문득 아이도 이해 못하고 지루해하지 않을까 걱정이 되어 아이에게 물어보니 "전혀 지루하지 않고 재미있다."고 했다. 예술을 즐기는 데에는 연령이나 배움은 상관이 없다. 오히려 고정관념 없이 그대로 보고 느끼고 받아들이는 아이들이 더 깊고 진하게 예술을 즐길 수 있는지도 모르겠다는 생각이 들었다.

내셔널갤러리에는 어린이들을 위한 아트 체험 활동이 진

행된다. 인원 제한이 있으니 참여하려면 현장에서 신청을 하고 자유롭게 관람하다가 정해진 시간에 모임 장소로 오면 된다. 영어로 설명이 너무 길거나 어려우면 어쩌나 걱정했지만, 어렵지 않게 함께 할 수 있다.

우리가 했던 활동은 미술관 바닥이나 천장, 벽, 테두리 등 건물 내에 있는 그림과 패턴들을 찾아 나눠준 종이에 그리고, 나중에 종이를 4등분한 다음 큰 종이 위에 다른 친구들의 작품과 섞어서 붙이는 것이었다. 그리기에 소질이 없는 나와 딸도 열심히 그림을 그려 보았는데, 다른 사람들의 패턴과 섞어서 이어 붙이니 생각보다 꽤 멋진 작품이 만들어졌다.

이 과정에서 아이는 다른 친구들에게 펜이나 가위를 빌리고, 함께 작업하면서 영어에 대한 부담감을 내려 놓고 그냥 활동을 즐기는 듯 보

었다. 아마도 아이는 옆 친구의 질문을 다 못 알아듣고 하고 싶은 말을 반도 내뱉지 못했을 것이다. 그래도 피하거나 두려워하지 않고 그 상황에 최선을 다해 경험치를 올렸으니 되었다.

전시를 관람하고 활동도 하고 나와 보니 허기가 졌다. 오는 길에 지하철역 근처에서 한국어로 '분식'이라는 간판을 보았는데 거기 가서 떡볶이를 먹기로 했다.

낯선 외국에서 한글로 된 간판을 보니 너무 반가웠다. 게다가 아이가 가장 좋아하는 떡볶이를 파는 분식집이라 아이도 신이 났다. 떡볶이와 포테이토 핫도그를 주문하고 기

다리는데 외국인 손님들이 끊임없이 줄을 섰다. 떡볶이도 핫도그도 진짜 한국 맛 그대로다. 거기다가 물가 비싼 런던에서 만 원짜리 핫도그와 떡볶이는 저렴하게 느껴지기까지 했다.

내셔널갤러리

주소	Trafalgar Square, London WC2N 5DN 영국
입장료	무료 (예약 필수)
운영시간	10:00~18:00 (토~목), 10:00~21:00(금)
홈페이지	https://www.nationalgallery.org.uk/

04 놀러 가는 박물관, 빅토리아 앨버트 박물관

런던에서 나는 박물관에 대한 생각이 조금 바뀌었다. 어릴 때부터 박물관은 '지루하고 재미없는 곳'이라는 인식이 강했는데, 런던에서 내가 느낀 박물관은 '아이들과 놀러 가는 곳', '데이트 장소'이다.

물론 넓은 공원에서 피크닉을 즐기는 가족들과 연인들도 많이 보았지만, 엄마나 아빠가 어린 아이를 유모차에 태워 박물관에 가고, 박물관에서 관람하고 먹고 쇼핑하며 여유롭게 시간을 보내는 가족을 많이 보았다. 학교 현장학습이나 행사가 있어 특별히 찾아가는 곳이 아니라 편하게 아무 때나 가는 그런 곳 말이다.

빅토리아 앨버트 박물관은 영국 왕립박물관 중 하나로, 빅토리아 여왕이 남편 앨버트 공을 기리며 이름을 현재의 '빅토리아 앨버트 박물관'으로 바꾸었다. 이 박물관은 다양한 시대와 문화를 아우르는 컬렉션을 소장하고 있어 예술과 디자인에 대한 폭넓은 경험을 제공하며, 고대

부터 현대까지의 예술 작품들, 세계 각국의 문화적인 유산을 발견할 수 있다.

이 곳에도 아이들과 가족이 함께 즐길 수 있는 아트체험 활동이 있어 신청했다. 천 위에 종이, 테이프, 실 등 다양한 재료를 활용해 그림을 그려 벽에 걸 수 있는 장식을 만드는 활동이었다. 빅토리아 앨버트 박물관 안쪽에 중정처럼 펼쳐진 존 마데스키 가든(Jonh Medejski Garden)에서 체험 활동을 하게 되는데 선생님이 나눠 주시는 재료를 받아 가든 내에서 자유롭게 앉아 만들면 된다.

딸은 런던에 온 기념으로 영국 국기를 만들어 보기로 했다. 실로 빨강색 선을 뜨고 파랑색 부직포를 오려 붙였다. 만드는 중간 중간에 선생님들이 돌아다니며 아이들이 잘하고 있는지 봐 주시는데, 작품에 대해 함께 애기하며 멋지다고 폭풍 칭찬을 해 주신다.

'어떤 그림을 그릴까' 고민할 때 다른 친구들은 그게 무엇이든, 남이 알아보든 말든 자신 있고 과감하게 자기만의 작품을 만들기 시작했다. 반면 딸 아이는 '얼마나 틀리지 않게 그릴까' 인터넷으로 검색하며 신경 쓰는 모습을 보였다.

"예술은 틀린 게 없어. 너의 생각을 표현하면 되는 거야."

아무리 얘기해도 아이는 '틀리면 안 된다'는 작은 틀 안에 들어가 있는 것 같았다. 앞으로 새롭고 다양한 경험을 통해 사고와 감정을 키워 줘야겠다는 생각이 들었다.

우리가 방문했을 당시 빅토리아 앨버트 박물관에서는 '한류'를 주제로 특별전이 펼쳐지고 있었다. 한글로 '한류'라고 쓰여진 것을 보니 뿌듯하고 감동적이었다. 한국의 문화와 특징을 소개하는 책과 티셔츠, 에코백, 컵과 장식 등 한국과 관련된 상품을 판매하는 팝업스토어도 있었다.

　많은 외국인들이 책을 펼쳐 보고 굿즈를 사가는 모습이 신기하기도 했다. 사실 일 때문에 최근에 외국을 나가 보면 몇 년 전과는 달라진 한국의 위상을 느낀다. 파리 공항에는 출국 수속 줄이 국가 별로 서너 개로 나눠지는데 한국은 가장 첫번째 줄로 세계에서 가장 영향력 있는 몇몇 나라들의 국기와 함께 있다.

　또 이번 여행 중에는 이런 일도 있었다. 전철에서 노선도를 보고 서있는데 외국인이 다가와 "도와 드릴까요?"라고 한국어로 말해 깜짝 놀랐다. 본인은 한국에서 교환학생으로 1년간 공부했고, 한국 드라마를 보며 지금도 한국어를 공부한다고 했다. 그리고 친절하게도 환승하는 곳까지 우리를 데려다 주고 떠났다.

그릇을 사러 갔던 포토벨로 마켓에서도 "어디서 왔냐"고 우리에게 물어서 "한국 알아요?"라고 했더니 "One of the best country. (가장 좋은 나라 중 하나)"라고 말해 주어서 기분이 좋았다.

존 마데스키 가든에는 분수가 있고 아이들이 들어가는 것을 특별히 막지 않아서 어떤 아이들은 수영복을 챙겨와 물놀이를 하기도 한다. 잔디밭과 야외 테이블, 의자도 자유롭게 이용할 수 있다 보니 점심 시간에 사람들이 샌드위치나 도시락을 들고 와서 햇볕을 즐기다 가기도 한다.

많은 것을 보고, 배우고, 느끼고, 뿐만 아니라 편하게 쉬며 즐길 수 있는 빅토리아 앨버트 박물관은 우리도 런던 여행 중 두 번이나 방문했던 곳이다. 자연사박물관 바로 옆에 있고, 교통도 편한 곳이라 다음에 또 아이와 런던을 방문한다면 사우스켄싱턴 근처에 숙소를 잡아도 좋을 것 같다.

V&A 박물관

주소	Cromwell Rd, London SW7 2RL 영국
입장료	무료 (예약 필수)
운영시간	10:00~17:45 (토~목), 10:00~22:00(금)
홈페이지	https://www.vam.ac.uk/

05 본초자오선, 경도 0도에 서다, 그리니치 천문대

런던의 그리니치에 위치한 본초자오선(Prime meridian)
은 경도 0도인 지점으로 세계의 시간과 경도를 기준으로
설정하는 중요한 지점이다. 이 기준선은 동쪽을 동경(+)

경도로, 서쪽을 서경(-) 경도로 나타내는 데 사용된다. 본초자오선을 통해 전 세계의 시간을 측정하고 지리적 위치를 정확하게 파악할 수 있다.

  본초자오선은 관광객들에게 매우 인기 있는 명소 중 하나로, 유네스코 세계 문화유산으로 지정되어 있어 그 자체로도 가치 있는 관광지이다. 이곳에 방문한 관광객들은 본초자오선을 따라 걸으며 사진을 찍는다. 우리도 서울이 표시된 곳을 확인하고 경도 0도 지점에서 멋진 사진을 남겼다.

　그리니치 천문대는 영국의 국립 천문학 관측소로, 이 천문대는 17세기에 설립되었으며 세계 시간을 정하는 그리니치 평균시(UTC)의 기준점이다.

　이곳에서는 별들과 행성들을 관측하고 연구하는데 사용되는 천문학적인 기기와 장비들이 다양하게 전시되어 있다. 옛날에 천체 관측을 위해 사용했던 것 같은 나무로 된 긴 망원경도 볼 수 있었다. 실제 우주 행성이 보이는 것인지, 렌즈 안에 모형으로 만들어 놓은 것인지 모르겠는데 아이는 띠가 둘러진 토성을 봤다며 신기해했다.

우리는 템즈강 시티크루즈를 타고 그리니치에 다녀왔는데 그리니치 피어에 내리면 천문대까지 가는 길에 커티사크(Cutty Sark)와 해양 박물관이 있다. 커티사크는 빅토리아 시대에 아시아에서 영국으로 차(茶)를 실어 나르던 선박으로, 배 모양 박물관을 만날 수 있다.

조금 더 안쪽으로 들어가니 '그리니치 마켓'이 보였다. 계획에는 없었지만 발길이 이끄는 대로 마켓 구경을 하기로 했다. 주로 먹거리와 악세사리를 판매하고 있었고 우리도 여기서 수박을 사서 근처 공원에 앉았다.

그리니치 천문대로 올라가는 길에 공원이 펼쳐지는데, 가슴이 뻥 뚫릴 만큼 넓은 공원엔 많은 사람들이 피크닉을 즐기고 있었다. 아이는 잔디밭에서 맘껏 뛰고 구르며 강아지가 된 것처럼 신이 났다.

빡빡하게 짜인 일정에 쫓기지 않고 현지인들처럼 그 공간, 그 순간의 여유를 즐길 수 있다는 것이 바로 '한 달 살기'의 매력인 것 같다.

사실 우리 숙소는 서쪽 끝, 그리니치는 동쪽 끝이라 갈까

말까 고민했는데, 아이가 그리니치 공원에서 뛰어 놀 때 행복하고 즐거웠다고 하니 역시 하루 일정을 잡길 잘 한 것 같다.

그리니치 천문대

주소   Blackheath Ave, London SE10 8XJ 영국
입장료   £18(성인), £9(4-15세), £12(16-24세), 무료(4세미만)
운영시간   10:00~17:00(매일)
홈페이지   https://www.rmg.co.uk/royal-observatory

06 타워 브리지 인생샷은 포터스필즈 공원에서

타워 브리지는 빅벤, 런던 아이와 함께 런던을 대표하는 랜드마크 중 하나이다.

1894년에 완공된 이 다리는 중간에 높이 솟은 두 개의 타워와 리프트(Lift)구조로 설계되어 혁신적인 건축 기술과 공학적인 도전이 필요했을 것으로 보인다. 현

재도 많은 사람들과 차들이 템즈강을 건너는 데 이용되고 있으면서, 대형 선박이 통과할 때는 다리를 들어올려 수상 교통이 원활히 이동할 수 있도록 하고 있다.

'런던' 하면 떠오르는 상징물인 만큼 많은 사람들이 다리를 배경으로 사진을 찍고 불빛이 반짝이는 야경을 즐기러 이 곳을 찾는데, 타워 브리지를 예쁘게 볼 수 있는 장소 중 한 곳이 바로 포터스필즈 공원이다.

포터스필즈 공원은 타워 브리지 남단에 있는 작은 공원으로, 관광객들도 많지만 현지 직장인들이나 학생들도 공

원에서 점심을 먹고 누워서 쉬거나 책을 읽는 등 많이 모이는 장소인 것 같았다. 우리도 근처 패스트푸드점에서 햄버거 세트를 포장해서 타워 브리지가 잘 보이는 공원에 자리를 잡고 앉아 점심을 먹었다. 날씨도 화창하고 런던을 대표하는 랜드마크 앞에서 먹는 점심은 더 맛있는 기분이 들었다.

템즈 강변을 따라 설치된 난간에 기대거나 걸터 앉아 자연스럽게 사진을 찍게 되는데, 딸 아이도 올라가 앉았다가 주변 어른들이 놀라서 뛰어오는 일이 있었다. 난간이 강쪽으로 살짝 기울어져 있어서 잘못하면 강으로 미끄러질

수도 있으므로 사진을 찍을 때는 주의할 필요가 있다.

위에서 언급한 것처럼 타워 브리지는 도개교라서 큰 선박이 통과하면서 다리가 열렸다가 닫히는 모습을 직접 볼 수가 있다. 타워리프트는 없는 날도 있고, 하루에 여러 번 있는 날도 있는데 정확한 날짜와 시간은 다음 페이지의 QR코드로 확인할 수 있다.

우리도 마침 간 날 오후에 리프트 예정이 있어서 30분쯤 전에 도착해 런던 타워 앞쪽 벤치에 앉아 피쉬앤칩스를 먹으며 기다렸다. 브리지 리프트가 시작되면 많은 사람들이 템즈강 난간으로 모인다. 사실 맨 앞 줄이면 어느 위치에서나 잘 보이기 때문에 특별히 명당이랄 것 까지는 없지만 내가 섰던 이 위치도 사진이 예쁘게 찍히는 꽤 좋은 자리였다.

타워브리지　　　브리지 리프트

주소	Tower Bridge Rd, London SE1 2UP 영국
입장료	£12.3(성인), £6.2(5-15세), 무료(5세 미만)
운영시간	09:30~18:00(매일)
홈페이지	http://www.towerbridge.org.uk/

07 박물관의 나라 영국, 영국박물관

세계 3대 박물관을 아는가? 가보지는 않았어도 이름은
누구나 아는 루브르 박물관, 바티칸 미술관, 그리고 영국박
물관이다. '대영박물관'으로도 불리는 영국박물관은 전 세
계 다양한 문화와 역사를 대표하는 예술품, 유물, 고고학적
발견물 등을 보존하고 전시하고 있는 국립 박물관이다.

　엄청난 규모의 영국박물관은 전시된 유물과 예술작품만
해도 800만 점이 넘기 때문에 우리도 방문했을 때 어디서
부터, 무엇부터 관람해야 할지 난감했다. 인포메이션에 가
서 오디오 가이드를 물어봤지만 한국어 안내 자료가 없었
다. 어쩔 수 없이 안내 책자를 들고 관람을 시작했다.

　오후에 입장해 반나절밖에 시간이 없기도 했고, 특히 아
이와 함께 박물관에 가면 전체를 다 보겠다는 욕심은 내려
놓는 것이 좋다. 관심 있는 몇 작품을 천천히 제대로 보고
나온다고 생각해야 피로도는 낮추고 만족도는 높일 수 있
다. 일단 월드 컬렉션이 전시되어 있는 0층 2관으로 향했
다.

독특하게 생긴 현악기가 기억에 남는다. 나무를 깎아서 장식한 부분이 정말 정교하게 표현되어 있었다.

옛날의 생활 모습을 보여주기 위해 식기와 장신구들도

많이 전시되어 있었는데, 유럽관에는 요즘도 쓰는 식기라고 해도 이상하지 않을 앤틱 스타일의 티세트와 접시들이 많이 전시되어 있었다. 그릇을 좋아하는 나도 화려하고 예쁜 식기들을 한참동안 구경했다.

아이는 조각상 중에서 노인이 여인의 젖을 먹는 작품을 유심히 살펴보며 복잡한 표정이다. 아래 설명을 파파고로 번역해 보니 로마의 전설을 묘사한 조각이었다.

시몬은 기아로 사형을 선고받았지만 간호사인 딸 페로가 감옥에 방문하여 비밀리에 아버지 시몬에게 모유 수유를 해서 살아남게 되고, 그녀의 사심 없는 행동이 관리들에게 깊은 인상을 주어 아버지는 자유를 얻는다는 내용이다. 내용을 찾아보지 않았더라면 아이가 크게 오해했을지도 모르겠다.

2층 67관에서는 런던 속 한국을 만날 수 있다. 한국 전시관에는 의외로 젊은 학생들도 많이 보여 한류의 영향인가 하는 생각이 들었다.

영국박물관은 제대로 즐기지 못한 것 같아 아쉬운 마음이 남는다. 제대로 된 한국어 가이드 자료가 없어서 하루 또는 반나절 코스로 가이드투어도 많이들 하나보다.

아이와 다시 런던에 가게 된다면 영국박물관은 사전에 정보를 많이 찾아보고 천천히 오래 둘러보면 좋을 것 같다. 규모는 영국만 못하겠지만 국내에도 유익하고 의미 있는 전시회가 많이 있다. 더구나 한글로 정확하게 읽고 듣고 이해할 수 있으니 훨씬 더 깊이 이해하고 배울 수 있을 것이다. 한국에서도 아이와 함께 박물관, 전시회에 가능한한 많이 다녀야겠다는 생각을 했다.

영국박물관

주소	Great Russell St, London WC1B 3DG 영국
입장료	무료 (예약 필요)
운영시간	10:00~17:00(토~목), 10:00~20:30(금)
홈페이지	https://www.britishmuseum.org/

08 어린이가 버터 비어 마셔도 되나요? 워너 브라더스 해리포터 스튜디오 런던

아이와 함께 런던 여행을 생각하면서 가장 먼저 시작한 일은 항공권 검색도 아니고, 숙소 예약도 아닌 바로 영화 '해리포터 함께 보기'였다. 워낙 유명한 영화라 어른들은 대부분 잘 알겠지만 아이들은 모르는 경우가 많다.

해리포터는 1997년부터 2016년까지 연재된 영국 판타지

소설 시리즈로, 역사상 성경 다음으로 가장 많이 팔린 책이라고 한다. 이 유명한 소설은 워너 브라더스가 영화로 제작해 2001년부터 2011년까지 여덟 편의 영화가 개봉되었다.

나도 십 수년만에 딸과 함께 해리포터 영화를 다시 보기 시작했다. 부모를 잃은 어린 해리가 친척집 계단 밑에서 살다가 호그와트 마법학교에 들어가고 자신의 비밀을 발견하면서 악과 싸우는 이야기는 아이의 흥미를 사로잡았다. 순식간에 딸은 여덟 편을 다 보고 시간이 날 때마다 반복해서 볼 정도로 해리포터의 팬이 되었고, 우리의 런던 여행 첫 번째 방문지는 자연스럽게 '해리포터 스튜디오'가 되었다.

워너 브라더스 해리포터 스튜디오 런던의 입장권은 여행사를 통해서 결합상품으로 구매할 수도 있고 홈페이지에서 바로 예매할 수도 있는데, 방문자들이 워낙 많기 때문에 원하는 시간대에 입장하려면 일찍 예매하는 것이 좋다.

　우리는 홈페이지에서 방문 날짜와 시간을 예약하고 바로 결제했다. 홈페이지는 대부분 오전 시간대는 매진이고 오후 시간만 예약이 가능했는데, 여러 번 들어가서 날짜를 조회하다가 12시 30분 표가 나와서 바로 예약을 할 수 있었다. 보통 오전 방문을 선호하다 보니 여행사에서 판매하는 왕복 교통편 또는 다른 어트랙션 입장권과 함께 묶인 표를 많이 구매하는 것 같다.

해리포터 스튜디오 입장권은 홈페이지 상에서 예매하는 것이 훨씬 저렴하고 대중교통을 이용해 찾아가는 방법도 어렵지 않으니 가능하면 홈페이지 직접 예약을 시도해 보길 바란다.

런던 시내에서 열차를 타고 30분 남짓 떨어진 곳, 왓포드정선역(Watford Junction Station)에 내려 밖으로 나가면 해리포터 이층버스가 대기하고 있다. 이 셔틀 버스는 해리포터 스튜디오에서 방문객들을 위해 제공하는 교통편으로 입장권을 보여주면 무료로 탑승할 수 있다.

워너 브라더스 스튜디오 런던은 해리포터 시리즈의 촬영장이었던 만큼 그 규모도 엄청나다. 이 곳에서는 영화에

등장하는 많은 장면과 세트들을 가까이에서 볼 수 있고 호그와트의 대전실, 공포의 숲, 덤블도어 사무실 등을 직접 확인할 수 있다. 또 영화에서 사용된 소품들과 특수효과에 대한 비하인드 스토리를 알 수 있어 아이들에게 특별한 체험이 될 수 있다.

　스튜디오에서는 CG효과를 체험할 수도 있는데, 빗자루를 타고 나는 모습을 영상으로 촬영해 영화의 장면과 합성해 주는 상품도 있다. 이런 영화 제작과 비주얼 이펙트에 대한 것들이 일반 팬들에게뿐만 아니라 영화 제작에 관심이 있는 사람들에게 특별한 체험을 제공한다.

9와 3/4 승강장, 3층 버스, 더즐리의 집에 편지가 계속 날아드는 모습을 그대로 재현해 놓은 모습 등등 영화 속 장면에 우리가 들어와 있다는 자체가 신기하고 재미있었다.

그리고 곳곳에 스탬프 미션이 있어서 다 찍으면 나갈 때 구슬을 교환할 수 있게 되어 있다. 그러니 아이들은 스탬프를 찍기 위해서라도 구석 구석 하나도 놓치지 않고 스튜디오를 즐길 수밖에 없다.

해리포터 스튜디오 내에 있는 매점에서는 영화에서 해리와 친구들이 마셨던 '버터 비어(Butter Beer)'를 판매하고 있는데, 어떤 맛인지 궁금하기도 하고 여기서만 마실 수 있는 특별한 음료이기 때문에 우리도 맛보기로 했다. 버터비어를 주문하면 독특한 플라스틱 잔에 담아 준다. 다 마시고 그 잔은 기념품으로 가지고 갈 수 있어서 아이가 더좋아했다. 그런데 옆 테이블 어린이들이 버터 비어를 홀짝 홀짝 마시고 있는 것이 아닌가!

"어린이가 맥주를 마셔도 돼?"

딸이 놀라서 물었다. 나도 맛을 보았지만 이게 알콜인지 아닌지 확신이 서지 않았다. 그저 독특한 맛이라는 것 밖에. 아이는 자기가 확실히 물어보겠다며 직원에게 갔다.

"엄마! 어린이가 마셔도 된대!"

알고 보니 버터 비어는 이름만 '비어'일뿐 그냥 거품을 올린 탄산음료였다. 그런데도 아이는 '비어'를 마셨다는 기분 탓인지, 영화에 나왔던 음료를 실제로 마셨다는 신기함 때문인지 그냥 신이 많이 난 것 같았다.

우리는 12시쯤 스튜디오에 입장해 오후 5시쯤 퇴장했다. 아주 천천히 보며 체험할 것들은 다 했고, 중간에 식사도 하고 마지막 기념품 샵에서도 한 시간은 구경했던 것 같다. 보다가 뭐가 생각나면 아이는 거꾸로 다시 돌아가 보고 오기도 하고, 사진과 영상도 원이 없을 정도로 찍었을 때 소요된 시간이다. 그러니 오후에 다른 일정이 있는 것이 아니라면 굳이 아침 일찍 방문하지 않아도 충분하다.

해리포터 스튜디오

주소	Studio Tour Dr, Leavesden, Watford WD25 7LR 영국
입장료	£51.5 (16세 이상), £40(5-15세), 무료(5세 미만)
운영시간	08:30~22:00(매일)
홈페이지	http://www.wbstudiotour.co.uk/

09 도시 전체가 대학 캠퍼스 같았던 옥스퍼드

옥스퍼드는 영국의 역사적인 교육 도시로, 세계적으로 유명한 옥스퍼드 대학과 크라이스트처치 대성당을 방문하기 위해 많은 관광객들이 찾는다.

런던 시내에서 북서쪽으로 90km 정도 떨어져 있으며 대중교통으로 1시간 30분 정도 걸리는 곳이다. 우리는 '옥스퍼드튜브'라는 버스를 이용했는데 열차 환승 없이 한 번에

 크라이스트처치까지 편하게 갈 수 있다.

빅토리아, 노팅힐 등 런던 시내 곳곳에 버스 타는 곳이 있으니 홈페이지에서 숙소와 가까운 승차장을 확인해 보자.

옥스퍼드 근처 마을로 접어들면 건물들의 분위기가 달라진다. 외관만 봐서는 대학교인지 주택인지 상가인지 알 수 없는 석조 건물들이 늘어서 있어 도시 전체가 대학 캠퍼스 같은 느낌도 들었다.

옥스퍼드 대학의 가장 아름다운 건물 중 하나인 크라이스트처치 홀은 영화 '해리포터'에서 호그와트 학교의 학생 식당으로 나온 배경지로 더 유명해졌다. 이곳은 현재도 학생들의 식사와 모임, 다양한 행사 장소로 사용되고 있어서 날짜와 시간에 따라 관광객들의 입장이 제한되기도 한다.

예약은 매주 금요일에 다음주 예약창이 열리며, 입장료는 시기와 시간에 따라 다르고, 온라인이 오프라인보다 저렴하니 방문하기 전주 금요일에 온라인에서 미리 예약을 하는 것이 좋다.

크라이스트처치 홀을 보고 바깥으로 나오면 넓은 정원이
펼쳐진 톰타워를 만날 수 있다. 톰타워는 크라이스트처치
정문에 위치한 시계탑으로, 매일 오후 5시에 울리는 종으
로도 유명하다.

크라이스트처치 대성당은 방문객들에게 열려 있어서 예
배에 참석하거나 내부를 구경할 수 있다. 입장료에 오디오
가이드가 포함되어 있어서 주요 장소나 인물들에 대한 이
야기를 한국어로 들을 수 있다.

2시간 정도 관람을 마치고 나와
근처 커버드마켓(Covered Market)
으로 갔다. 자그마한 재래시장인데
토끼 모형을 매달아 놓은 천장 장
식이 독특했다. 여기에서 옥스퍼드
로고가 쓰여진 어린이용 후드 자켓
을 하나 샀다. 런던의 날씨가 아침
저녁으로 생각보다 쌀쌀해서 긴 팔
자켓이 필요하기도 했고, 워낙 유
명하고 우수한 옥스퍼드 대학이니
까 방문한 기념으로.

커버드마켓에서 멀지 않은 곳에 웨스트게이트(West Gate)라는 현대식 복합쇼핑몰이 있다. 아침 일찍 출발하느라 아침을 제대로 챙겨 먹지 못한 데다가 크라이스트처치 관람을 하느라 배가 많이 고팠던 우리도 이 쇼핑몰에서 점심을 먹었다. 대형 몰이라 1층에 푸드코트도 있고 루프탑 식당가도 있어 여러 메뉴들 중 골라 먹을 수 있다. 그리고 옥상에 올라가면 옥스퍼드 시내를 내려다볼 수 있어서 식사를 하며 사진도 찍고 천천히 즐길 수 있다는 점이 좋았다.

옥스퍼드 크라이스트처치

주소	(크라이스트처치) St Aldate's, Oxford OX1 1DP 영국
입장료	£16~19(18세 이상), £15~18(5-17세), 무료(5세미만)
운영시간	09:30~16:30(월~토), 10:30~16:30(일)
홈페이지	https://www.chch.ox.ac.uk/

10 비스터 빌리지 프리미엄 아울렛

옥스퍼드 시내에서 버스로 30분쯤 떨어진 곳에 '비스터 빌리지(Bicester Village)'라는 프리미엄 아울렛이 있다. 쇼 핑을 위해 일부러 하루를 내서 아울렛에 방문하기도 하지만, 우리처럼 옥스퍼드에 간 날 비스터 빌리지를 묶어서 하루 코스로 잡는 것도 가능하다.

옥스퍼드튜브 버스는 미리 온라인 사이트나 어플로 예약할 수도 있고, 그냥 탑승장에서 버스 탈 때 컨택리스카드

(Contactless Card)로 결제하고 타는 것도 가능하다. 이 때 만약 비스터 빌리지까지 간다면 '튜브 커넥터 티켓(Tube Connector Ticket)'을 기사님께 요청하면 된다. 튜브 커넥터 티켓 하나로 그 날 하루동안 옥스퍼드튜브 포함 스테이지코치(Stagecoach) 버스를 이용해 런던-옥스퍼드-비스터 빌리지-옥스퍼드-런던 왕복 코스를 전부 이용할 수 있다.

옥스퍼드에서 점심을 먹은 우리는 버스를 타고 40분 정도 외곽을 달려 비스터 빌리지로 갔다. 유명한 영국 브랜드 제품이 얼마나 저렴할까 기대를 했는데, 우리가 방문했

을 당시 버버리 매장은 리뉴얼 공사 중이었고, 바버는 직구하는 것이 더 저렴한 편이었다. 폴로 매장에서 아이가 고른 가디건은 20% 추가 할인 가격으로 구매할 수 있었다.

쇼핑을 마치고 시원한 음료수를 마시며 잠시 앉아서 쉬다가 아이가 아울렛 내에 있는 어린이 놀이터에 가서 놀고 싶다고 했다. 나는 "커피를 다 마시고 갈 테니 먼저 놀이터에 가서 놀고 있으라"며 아이를 혼자 보냈다. 그리고 몇 분 후 놀이터로 갔는데 아이가 안 보였다. 우리나라도 아닌 외국에서, 사람들 북적이는 아울렛에서 아이를 잃어버린 것이다. 어떻게 해야 할지 몰라 놀이터와 카페 중간쯤 갈라지는 길 중앙에 서서 아이를 기다렸다. 얼마 후에 경찰 두 명과 아이가 함께 나타났다. 경찰은 나에게 여권을 요구하고 이것 저것 물어 신원을 확인했다. 아이가 놀이터로 가는 길에 주변에 어른이 없고 혼자인 것을 발견한 경찰이 아이를 보호하고 있었던 것이다. "엄마는 카페

에 있다."고 해서 카페에 함께 갔지만 이미 내가 자리를 떠서 없으니 더 이상하게 여겼던 모양이다. 나에게 경찰은 몇 번이나 "그 어디에서도 아이를 혼자 두지 말라."고 당부하고 갔다. 그리고 아이 손에는 경찰이 준 작은 곰돌이 인형이 들려 있었다. 잠깐 아찔하긴 했지만 이 일을 통해 런던이 '아이와 여행하기에 생각보다 안전한 나라'라고 느끼게 되었다.

런던에서 쇼핑할 때 한 가지 아쉬운 것은, 영국은 택스리펀(Tax Refund; 세금 환급)이 안 된다는 점이다. '택스리펀'이란 물건 값에 세금이 포함되어 있는데 해외 여행자들에게는 그 세금을 돌려주는 제도이다. 그 돌려받은 세금을 입국 시 우리나라에 관세로 낸다고 보면 된다. 그러나 영국은 해외 관광객에게 물건값에 붙은 세금을 환급해 주지 않기 때문에 세금을 영국에 한 번, 한국에 또 한 번 내게 되는 셈이다. (여행자 휴대품 면세 제도-1인당 800달러까지 무관세 등-에 대한 내용은 별도 확인 필요)
따라서 여행 시 쇼핑을 계획한다면 가격과 환율, 귀국 시의 관세도 잘 따져보고 합리적으로 쇼핑하는 것이 좋다.

튜브커넥터 티켓   비스터빌리지

주소	50 Pingle Dr, Bicester OX26 6WD 영국
운영시간	09:00~21:00(월~토), 10:00~19:00(일)
홈페이지	https://www.thebicestercollection.com/bicester-village/en/visit

11 근위병 교대식 관람 명당은? 버킹엄궁전

런던의 버킹엄궁은 영국 여왕의 궁전으로, 궁전 앞에는 영국 군대의 근위병(Guard)들이 경비를 서고 있다. 근위병들은 매일 정해진 시간에 교대의식을 하는데 버킹엄궁 앞에서 진행되는 교대식은 근위병들의 행진과 정교한 퍼레이드를 볼 수 있어 런던을 방문하는 관광객들에게는 유명한 이벤트이다. 이 교대식은 계절에 따라 요일과 시간이 다르니 자세한 일정은 홈페이지를 통해 방문 전에 미리 확인이 필요하다.

　우리가 방문했던 5~6월은 매주 월, 수, 금 오전 11시에 교대식이 있었다. (하절기는 매일)

처음엔 11시 시간을 맞춰 버킹엄궁에 갔다가 궁전 주변에 꽉 찬 인파만 보고 돌아와야 했다. 근위병의 행진과 교대식을 제대로 보고 싶다면 최소 한 시간 전에는 궁전 앞에 도착해 잘 보이는 자리를 잡는 것이 좋다.

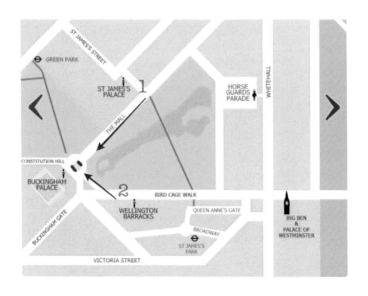

가장 먼저 더몰(The Mall) 방향으로 근위병들의 행진을 볼 수 있는데, 10시 40분 경부터 세인트 제임스 궁(Saint James Palace)에서부터 더몰을 통해 버킹엄궁 방향으로 행진한다. (1)

10시 55분쯤 웰링턴 바락스(Wellington Barracks)에서 또 다른 근위병들이 행진을 하며 버킹엄궁으로 들어간다. (2) 이후 버킹엄궁 코트야드에서 신과 구의 교대식이 진행된다.

　이 근위병 교대식을 보려고 모인 사람들이 워낙 많기 때문에 위치를 옮기며 보는 것은 거의 불가능하다. 행진을 막힘없이 가장 오래 볼 수 있는 위치는 버킹엄궁 앞에 있는 빅토리아 메모리얼 동상이다.

동상에서 버킹엄궁전을 등지고 더몰을 바라보고 서면 (파랑색 표시) 세인트 제임스궁에서부터 빅토리아 메모리얼 동상을 돌아가는 지점까지 근위병들의 행진을 앞에 가리는 것 없이 오랫동안 볼 수 있다. 동상에서 버킹엄궁전을 바라보고 계단 맨 위층에 서면 (보라색 표시) 조금 더 높은 위치에서 궁전 안쪽을 볼 수 있기 때문에 신구 근위병들의 교대식을 멀리서나마 볼 수 있다. 버킹엄궁 게이트 앞에도 사람들이 엄청 많이 서있는데 코트야드에서 진행되는 키교환식이 가장 잘 보이는 위치이다. 하지만 교환식을 보려면 게이트에 완전히 붙어 서야 하고, 그럴 경우 근위병들의 행진은 안 보인다는 단점도 있다.

버킹엄궁전

근위병교대식

주소	영국 SW1A 1AA London, 런던
입장료	£30(성인), £16.5(5-17), 무료(5세 미만)
운영시간	09:30~18:30(9/1~7/13), 09:30~19:30(7/14~8/31)
홈페이지	https://www.royalcollection.org.uk/

12 런던의 아이들은 학교에 안 가나요? 세인트 제임스 파크

버킹엄궁과 빅벤 사이에 아주 커다란 공원이 있다. 런던에서 가장 유명한 공원 중 하나로 넓은 정원과 꽃밭, 푸른 잔디, 아름다운 호수로 구성된 이 곳은 세인트 제임스 공원(St. James's Park)이다.

워낙 규모가 크고 카페, 휴식 공간, 놀이터, 조깅 트랙 등

시설도 잘 되어 있어서 우리도 이 공원을 몇 번이나 찾아가 시간을 보냈다. 버킹엄궁과 인접한 공원 입구에는 아이들 놀이터와 카페가 있다. 이 곳에는 유모차를 타고 온 어린 아가들부터 초등학생으로 보이는 아이들까지 늘 어린이들로 가득 찼다.

'런던 아이들은 학교에 안 가나? 평일 오전인데 놀이터에 웬 아이들이 이렇게 많은 걸까?' 궁금했다. 우리나라에서는 평일 오전에 동네 공원에서 볼 수 없는 광경이다.

아이는 그곳에서 현지 아이들과 함께 어울려 신 나게 놀기도 하고, 한국에서 여행 온 친구들을 만나기도 했다. 또

래 아이들과 어울려 노는 것이 엄마와 둘이 다니는 것보다 즐거운 딸은 틈만 나면 공원 놀이터에 가자고 했다.

공원 안에서는 동물원에서나 볼 법한 덩치 큰 오리들도 만날 수 있었다. 런던의 동물들은 사람을 보고 도망가는 법이 없다. 카메라를 들이대면 오히려 다가오기도 하고, 포즈를 취하는듯 한쪽 다리를 들어올리고 날개를 펼쳐 보여 주기도 했다.

세인트제임스파크

주소	Birdcage Walk London SW1E 6HQ 일부
입장료	무료
운영시간	07:00~22:00(매일)

13 청설모 강아지처럼 데리고 놀기, 그린파크

  구글맵에서 런던 지도를 펼쳐 보면 중심부에 넓은 초록
색이 서너 개 보인다. 런던 시내 가장 노른자 땅에 꽤 넓
은 면적을 공원이 차지하고 있는 것이다.

큰 도시인만큼 높은 빌딩들과 현대식 시설도 많지만, 어디를 가도 옆에 공원이 있다. 런던을 여행하는 동안 우리 모녀는 공원을 애용했다. 아이는 잔디를 밟는 푹신한 느낌이 좋다며 잔디만 보이면 달렸고, 근처에 공원이 있으면 음식을 포장해 와서 돗자리를 깔고 앉아 점심을 먹었다. 어떤 때는 그냥 멍하니 앉아 지나가는 사람 구경, 동물 구경을 하며 공원을 즐겼다.

하루는 그린 공원을 지나가던 길이었는데 길을 가로질러 청설모 한 마리가 지나가는 것이 보였다.

우리는 공원에 청설모가 많다는 정보를 알고 있었기 때문에 언제 만날지 모를 청설모를 위해 아몬드를 한 봉 사서 가방에 늘 가지고 다녔다.

딸 아이가 지나가는 청설모 옆에 쪼그리고 앉아 아몬드를 내밀자 청설모가 다가와 아몬드를 받아서 나무로 올라갔다.

"우와!"

청설모는 아몬드를 다 먹더니 다시 딸에게 다가왔다. 아이가 손을 내밀자 이번에는 아이 다리를 타고 올라오는 것이다. 아이는 놀랐지만 신기하고 재미있어 했다. 나도 청설모가 이렇게 사람을 무서워하지 않고 다가오는 것은 처음 보았다. 청설모는 아이 옆에서 아몬드를 몇 개 더 받아먹었다. 지나가던 아이들도 우리를 보고 땅콩을 가져와 청설모에게 들이댔다. 평소에 사람들이 먹이를 잘 주는지 공원에 있는 청설모들이 대체로 좀 크고 통통했고, 사람을 전혀 겁내지 않았다. 공원에서 강아지처럼 청설모를 데리고 놀았던 그날은 아이에게도 잊지 못할 추억이 되었다.

청설모 먹이 주는 영상은 아래 QR코드로 인스타그램에

서 볼 수 있다.

그린파크   청설모영상

주소	London SW1A 1BW 런던
입장료	무료
운영시간	05:00~24:00(매일)

14 런던 한복판에 공동묘지가? 웨스트민스터 사원

웨스트민스터 사원(Abbey)이라 불리는 이 성당은 과거에는 가톨릭 수도회 수도원이었으나, 헨리 8세가 영국 국교를 성공회로 바꾼 이후 영국 왕실의 성당이자 영국 대표 성당이 되었다. 현재도 영국 왕실 대관식 등의 장소로 쓰이는 주요 장소로, 내부에는 왕족과 위인들의 무덤이 있으며, 1987년 유네스코 세계유산에 등재되었다.

<출처: 웨스트민스터 공식 홈페이지>

바로 뒤편에 영국의 국회 의사당과 인접해 있어 정치적인 중요성을 갖고 있으며, 많은 역사적인 사건과 중요한 의정활동이 이곳에서 진행되었다.

높은 첨탑과 아치형 창문, 석조 장식이 인상적인 이 사원은 고딕양식으로 건축되었으며 외부 못지않게 내부도 화려하고 아름다운 모습을 하고 있다. 특히 내부에 있는 웨스트민스터 교황교회는 지금도 정해진 시간에 예배가 드려지고 있어 많은 관광객들이 예배에 참여하기도 한다.

입장료에 포함된 오디오가이드는 한국어로 들을 수 있다. 오디오 가이드에는 어린이용 설명이 따로 있어서 초등학생인 딸도 각각의 왕들과 그 시대의 역사적인 이야기들을 재미있게 들으며 관람할 수 있었다.

웨스트민스터 사원은 런던을 방문한 대부분의 관광객들이 찾는 곳이니 사전에 방문 날짜와 시간을 정해 예약하는 것이 좋다.

주변에 빅벤과 세인트제임스파크가 가까이에 있어서 관람 전후에는 빅벤과 런던아이를 배경으로 사진도 찍고 템즈강변이나 공원에서 여유롭게 하루를 보내는 코스로 계획을 잡아도 좋다.

웨스트민스터사원

주소	Dean's Yard, London SW1P 3PA 영국
입장료	£27(성인, 6-17세 어린이 1인 무료 동반), £12(6-17세), 무료(6세 미만)
운영시간	09:30~15:30(월~금), 09:00~15:00(토), 16:30~18:00(수)
홈페이지	https://www.westminster-abbey.org/

15 영화 패딩턴의 골동품 가게가 진짜 있었어! 포토벨로 로드마켓

'패딩턴(Paddington)'이라는 런던 배경의 가족영화가 있다. 빨강 모자를 쓰고 파랑색 코트를 입은 곰돌이 패딩턴이 주인공으로, 마이클 본드(Michael Bond)가 쓴 아동 문학 시리즈 '패딩턴'을 원작으로 하는 영화이다.

이 영화는 애니메이션과 실사를 혼합한 기술을 사용하여 곰돌이 패딩턴이 실제인 것처럼 느껴진다. 또 영화를 통해 멋진 런던의 풍경과 아름다운 장면들을 보는 재미도 있다. 물론 귀여운 사고뭉치 패딩턴의 매력도 이 작품이 사랑받는 이유이다.

영화에 자주 등장하는 빨강색 간판의 골동품 가게가 있다. 그런데 그 가게가 영화에만 있는게 아니라 진짜 런던에 있었다!

　이번 런던 여행에서 나는 로드마켓을 꼭 가보고 싶었다. 런던에는 유명한 로드마켓이 몇 곳 있는데 그 중에서 숙소와 멀지 않은 노팅힐(Notting Hill)에 포토벨로 마켓(Portobello Market)이 있다. 이 마켓은 긴 골목을 따라 다양한 상점과 부스들이 모여 있고, 옷, 안티크 제품, 악세사리, 과일, 음식 등을 판매한다. 주말에만 열리며 현지인들뿐만 아니라 관광객들도 많이 찾는 인기 명소이다.

노팅힐 게이트역에서 내려 골목 안쪽으로 5분쯤 걸어 가면 앨리스(Alice's)라는 골동품 가게가 나온다. 생긴 모습도, 붉은 색 간판도 패딩턴 영화에 나오는 그대로이다. 딸과 나는 이 가게를 보고 너무 반가웠다. 가게 안팎에는 귀여운 장신구와 안티크 그릇들, 인형, 그림, 가구 등등 많은 것이 놓여 있었다. 그냥 하나하나 구경하는 것만으로도 즐거웠다.

예쁜 그릇과 찻잔 세트도 많았다. 한국에서는 구하기도, 아니 구경하기도 쉽지 않은 다양한 포세린 제품들이 매대에 나와 있었다. 그릇에 관심이 많은 나는 종류별로 다 사가고 싶었으나 참고 참아 접시와 찻잔 세트 몇 종류만 샀다. 대부분 6인조 세트로 판매를 하는데, 한두 세트만 남은 것들은 저렴하게 살 수가 있다. 로드마켓이라 가격도 저렴하고, 여러 개 사면 가격 흥정도 가능하다는 점이 매력인 것 같다.

또 관광지나 시내 기념품샵에서 파는 열쇠고리, 마그넷, 인형들도 이런 로드마켓에서는 훨씬 더 저렴하게 팔고 있었다. 우리도 이층버스 열쇠고리와 빅벤 마그넷, 틴 케이스 홍차 같은 기념품들을 대부분 로드마켓에서 구매했다.

노팅힐 게이트역에서 포토벨로 마켓으로 들어가는 골목 초입에 피쉬앤칩스 정말 바삭하고 맛있는 레스토랑이 있다.

사실 이전에 다른 곳에서 먹었던 피쉬앤칩스는 대부분 눅눅하고 별 맛이 느껴지지 않아 적잖이 실망을 했었다.

음식 종류도 다양하지 않아서 밖에서 사 먹을 만한 것이라
고는 햄버거 아니면 샌드위치, 스시, 피쉬앤칩스 정도인데
대부분의 음식이 밍밍했다.

그런데 이곳 피쉬앤칩스는 바삭하고 간이 잘 되어서 꽤
맛있었다. 주문하고 매번 다 못 먹었던 터라 피쉬앤칩스를

어린이용 메뉴로 주문했는데 그냥 레귤러 사이즈로 시킬 걸 후회가 될 정도였다. 아이가 먹었던 치킨 버거도, 프렌치 프라이도 모두 만족스러웠던 곳이다.

혹시 언젠가 런던 여행을 또 가게 된다면 여기 레스토랑에서 피쉬앤칩스를 레귤러 사이즈로 먹고, 포토벨로 마켓에서 예쁜 그릇들을 잔뜩 사오고 싶다.

포토벨로 로드마켓

주소	영국 W11 1LJ London, 런던
운영시간	08:00~19:00(월~토)
홈페이지	https://www.visitportobello.com/

16 스탬퍼드 브리지 첼시구장

유럽 대부분의 국가가 그렇지만 특별히 영국 런던은, 다
양한 축구 팀과 열정적인 축구 팬들로 가득한 도시이다.
프리미어 리그에 속한 강력한 팀들이 런던에 홈구장을 두
고 활동하고 있는데, 예를 들면 손흥민 선수가 뛰고 있는
토트넘(Tottenham), 아스널(Arsenal), 첼시(Chelsea), 웨
스트햄(West Ham), 크리스탈 팰리스(Crystal Palace), 풀
럼(Fulham) 등이다.

우리가 런던 살기를 했던 홈스테이 근처에 첼시 홈 구장
인 스탬퍼드 브리지(Stamford Bridge)가 있었다.

　스탬퍼드 브리지는 약 4만 명의 관중을 수용할 수 있는 규모의 축구 경기장으로, 1877년에 개장 이후 첼시FC의 역사와 함께 하고 있다.

　우리 모녀는 축구에 관심이 별로 없어서 오후에 동네 산책 겸 경기장만 둘러보았는데, 실제로 경기가 있는 날에는 엄청난 축구 팬들로 주변 동네가 북적인다.

　아이가 축구에 관심이 있다면 경기 티켓을 미리 예매하거나, 응원하는 팀 구장을 방문해 보는 것도 특별한 추억이 될 것이다.

스탬퍼드브리지

주소	Fulham Rd., London SW6 1HS 영국
홈페이지	https://www.chelseafc.com/en

17 뮤지컬 위키드 공연 관람

런던은 세계적으로 유명한 뮤지컬 공연을 골라 볼 수 있는 도시이다. 런던에서 뮤지컬 공연을 관람하는 것은 최고 수준의 제작진과 출연자들이 만드는 최상의 공연을 감상할 수 있는 좋은 기회가 된다.

다양한 장르와 스토리를 다룬 여러 작품들이 공연 중인데, 라이온 킹(The Lion King), 겨울왕국(Frozen), 알라딘(Aladdin), 마틸다(Matilda), 캣츠(Cats) 등 아이들과 함께 볼만한 작품들도 많이 있다. 딸은 위키드와 마틸다를 마지막까지 고민하다가 위키드를 골랐다.

위키드는 아폴로 빅토리아 전용 극장에서 하루 두 차례 공연이 열린다. 티켓은 좌석에 따라 가격이 달라지며, 'TodayTix'라는 어플로 조회를 하면 가장 저렴한 좌석을 원화로 4만원 대에 예매할 수 있다. 물론 저렴한 좌석은 그만큼 시야가 가리거나 좌우 끝 쪽이라 다소 불편할 수 있다.

티켓을 저렴하게 구하는 또 한 가지 방법은, 공연 당일 잔여 좌석을 저렴하게 판매하는 데이시트를 노리는 것이다. 여행 일정에 여유가 있다면 데이시트로 비싼 좌석을 20~30파운드에 저렴하게 즐기는 행운을 잡을 수도 있다.

위키드는 '오즈의 마법사'를 배경으로 하며 초록색 피부를 가진 엘파바와 착한 마녀 글린다의 이야기를 그린 뮤지컬이다. 내용이 우리가 아는 오즈의 마법사와는 조금 다르기도 하고, 영어로 진행이 되다 보니 내용을 잘 알아듣지 못하고 공연을 온전히 즐기지 못한 점이 많이 아쉽다. 그럼에도 훌륭한 무대 구성, 배우들의 가창력과 연기는 박수가 절로 나올 만큼 정말 멋있었다.

아이와 함께 관람하는 경우, 사전에 미리 내용을 검색해서 알아 두면 공연을 즐기는 데 훨씬 도움이 될 것이다.

공연 시간을 기다리는 동안 우리는 근처 카페에서 애프터눈 티(Afternoon Tea)를 즐겼다. 애프터눈 티는 3단 트레이에 샌드위치, 스콘, 케이크 등 디저트를 홍차와 함께 즐기는 영국의 차(茶) 문화이다.

보통은 오후 3~5시에 가벼운 간식과 차를 즐기는 것으로, 카페나 호텔, 레스토랑 등에서 이렇게 세트 메뉴를 판매하기도 한다. 우리도 2인세트에 홍차와 핫 초콜릿을 주문했다. 차는 따뜻한 티팟에 넉넉하게 나온다. 따끈하고 진하면서 떫지 않은 차 맛이 좋았다. 홍차를 잘은 모르지만 영국은 커피보다 차가 더 맛있는 것 같다.

아폴로빅토리아 극장

주소　　　　　17 Wilton Rd, Pimlico, London SW1V 1LG 영국
홈페이지　　　https://www.atgtickets.com/

18 초콜릿 가게인가 캐릭터 샵인가, 엠앤엠즈 월드 런던

아이들이 좋아하는 색색의 동그란 초콜릿 엠앤엠즈 (M&M's) 매장이 런던에 있다. 오래 전부터 '엠앤엠즈 월드가 있는 도시로 여행을 간다면 꼭 가보고 싶다'는 딸의 바램이 있었기에, 내셔널갤러리에 갔던 날 관람을 마치고 매장에 들렀다.

매장은 입구에 줄을 섰다가 직원의 안내에 따라 입장할 수 있다. 내부는 지하 2층, 지상 2층이 나선형 계단으로 이어져 있고, 의류, 장난감, 식기, 쿠션, 선물 등 기발하고 다양한 상품들이 전시되어 있다.

작고 동그란 초콜릿 하나로 이렇게 다양한 상품을 파생시키고 모두가 좋아하는 브랜드로 만들 수 있다는 점이 놀라웠다. 사실 매장에 있는 가방, 잠옷, 양말 같은 것들이 질이 좋거나 엄청 예쁘지는 않은데 아이들은 갖고 싶어하고 결국 어른들의 지갑을 열게 만든다.

"여기는 초콜릿보다 캐릭터 상품을 팔아서 더 많이 벌 것 같아!"

"그렇지? 초콜릿만 파는 다른 브랜드들보다 홍보도 많이 되겠지?"

아직 마케팅이나 브랜딩이 뭔지 모르는 딸과 그런 얘기를 했었다.

별 것도 아닌 초콜릿 매장에서 아이는 이것 저것 다 만져보고, 확인해 보고, 캐릭터마다 사진 찍느라 꽤 오랜 시간을 보냈다. 그리고는 제일 큰 통에 원하는 맛과 색상으

로 초콜릿을 가득 담았다.

엠앤엠즈 월드에는 재미있는 상품들이 많은데, 그 중 하나로 이름이나 캐릭터 모양과 같이 내가 원하는 것을 초콜릿 위에 프린팅하는 것이 가능하다. 딸도 초콜릿에 'JOY'라고 이름을 새기고 싶어 했지만 우리가 방문했을 때는 기계를 사용할 수 없어 많이 아쉬웠다. 큰 통에 가득 담았던 초콜릿은 여행하는 내내 간식으로 잘 먹었다.

M&M's World

주소	1 Swiss Ct, London W1D 6AP 영국
운영시간	10:00~23:00(월~토), 12:00~18:00(일)
홈페이지	https://www.atgtickets.com/

19 열차가 바닷속으로 들어간다고? 유로스타 타고 런던에서 파리로!

 이번 유럽 한 달 살기는 런던과 파리를 묶어서 일정을 잡았다. 보통 나라 간 이동을 할 때는 비행기가 일반적이나, 런던과 파리 구간은 '유로스타'라는 고속철을 이용하는 것이 시간도 빠르고 편리하다.
 항공권과 마찬가지로 유로스타도 최대한 빠르게 예약하는

것이 무조건 저렴하게 사는 방법이다. 시간이 다가올 수록 가격이 올라가기 때문이다. 그리고 날짜와 시간대에 따라 가격 차이가 크다. 우리가 탔던 열차도 불과 한 시간 차이로 앞 열차보다 5만원이나 저렴했다. 우리는 3개월 전에 미리 예약을 해서 운 좋게 60유로 대에 프리미어를 탈 수 있었다.

 유로스타는 3가지 좌석 종류가 있는데, 일반석(Standard)과 프리미어(Standard Premier)의 차이는 시트 공간과 기내식 유무이다.

STANDARD	STANDARD PREMIER	BUSINESS PREMIER
Smart and easy	**Service and style all the way**	**Designed for business**
2 pieces of luggage + 1 hand luggage	2 pieces of luggage + 1 hand luggage	3 pieces of luggage + 1 hand luggage
Unlimited ticket exchanges up to 7 days before departure*	Unlimited ticket exchanges up to 7 days before departure*	Our most flexible travel class: no change fees and free cancellation. Boarding guarantee
Check your ticket for suggested arrival time	Check your ticket for suggested arrival time	Ticket gate closes 15 or 20 mins before departure (check your ticket for more details)
Buy drinks, meals and snacks on board	A light meal and drinks served at your seat	Hot meals designed by Raymond Blanc, served
Fare conditions: Change your ticket with no exchange fee up to 7 days before	Extra spacious seats	

유로스타는 국경을 넘는 열차이기 때문에 탑승 전 출입국 심사를 받는다. 따라서 세인트 판크라스역에 늦어도 출발하기 한 시간 전에는 도착해야 한다. 우리는 넉넉히 두 시간 전에 역에 도착해 출국 수속을 마쳤다.

대합실에서 출발 시간을 기다리며 "이 열차는 해저터널을 통과해 프랑스까지 가는 거야."라고 했더니 딸 아이가 깜짝 놀란다.

"진짜! 지도를 보면 영국과 프랑스 사이가 바다였네!

아이는 '상어가 해저터널을 뚫고 들어오면 어쩌냐'며 한 걱정을 했지만, 기내식을 배부르게 먹고는 빠르게 취침에 들어갔다. 나도 해저터널 구간이 궁금했는데 긴 터널과 들판을 반복하다 어느 순간 잠이 들어 버렸고, 눈을 뜨니 이미 프랑스로 건너와 있었다.

유로스타 St. Pancras

Part 3 런던 여행을 마치며

제1장 런던 살기 총정리

01 가장 궁금한 것, 얼마나 들었어요?

　아이와 함께 유럽 한 달 살기를 다녀와서 가장 많이 듣는 질문이 "여행 경비 얼마나 들었어요?"이다. 유럽은 항공권, 숙소, 물가 모든 것이 비싸기 때문에 장기 여행에 적지 않은 비용이 들었을 거라 생각하는 것 같다. 나 역시 유럽여행을 실제 준비하기 전에는 겁부터 먹었다.

아이와 함께 유럽 한 달 살기 지출 내역

	지출내역	비용	비고
✔	항공권	150	이코노미+비즈니스
✔	숙소(홈스테이)	250	하루 10만원 정도
✔	유로스타	15	런던-파리 이동
✔	교통+식비	250	하루 10만원 정도
✔	입장료, 어트랙션	140	해리포터, 옥스퍼드, 그리니치, 웨스트민스터, 시티크루즈, 뮤지컬 (파리에서의 비용 포함)
	합계	805	

우선 항공권은 마일리지로 예약을 해서 수수료와 유류할
증료만 150만원 정도 들었다. "마일리지 썼는데 150을 더
낸다고?" 이상하게 생각할 수 있다. 나도 수수료가 잘못되
었나 싶어 외국에서 30분 대기를 무릅쓰고 대한항공과 통
화해서 확인을 했었다.

수수료는 한국 출발 국내 항공사 기준 1인 15~20만원
선이다. 왕복이라고 곱하기 2를 할 수 없는 이유는 출발
나라와 항공사마다 부과되는 수수료, 유류할증료, 공항세
등이 다르기 때문이다.

우리의 경우 귀국편은 파리에서 출발했는데, 수수료가 이
코노미는 1인당 28만원 정도, 비즈니스석은 55만원 정도
였다. 2배 정도 차이가 나는 이유는 파리공항은 좌석 등급
마다 수수료에 차등을 두기 때문이다. 참고로 인천공항은
좌석등급에 상관 없이 수수료가 동일하다.

숙소는 홈스테이로 했을 경우 2인 1박에 평균 10만원 정
도였다. 유럽은 저렴한 호텔이라도 1박에 최소 20만원이
넘으니까 절반 이상 절약한 셈이다.

생각보다 식비 지출이 많았다. 가장 만만하고 저렴한 것

이 맥도날드였는데, 버거 세트 두 개면 이미 3만원이 넘는다. 가장 많이 먹었던 수제 버거나 피쉬앤칩스도 둘이 한 끼에 30~40파운드 정도는 되었고, 커피도 한 잔에 3.5부터 시작하니 스타벅스가 저렴하게 느껴질 정도였다. 식재료 가격은 한국과 비슷한 편이라 마트에서 장 봐서 집에서 해먹는 것이 그나마 저렴했다. 스테이크와 달걀, 버터, 빵, 과일 등을 사다가 아침은 되도록 집에서 해먹었다.

그래도 또 생각해 보면 다닌 곳에 비해 입장료가 크게 들지 않아서, 지출은 다니면서 먹고 기념품 산 것이 다였다. 대략 2인 하루 평균 10만원 예산을 잡았고, 실제로도 그 정도 지출했다.

물가가 비싼 영국이라고는 하나, 우리는 랭귀지스쿨이나 영어캠프에 참가하지 않고, 여행사 투어도 없이, 주로 박물관과 미술관, 공원으로 자유롭게 다니는 여행이었기 때문에 큰 비용 지출이 없었다. 만약 영어 학습을 위해 학교나 캠프를 추가한다면 훨씬 크게 예산을 잡아야 한다.

표의 비용은 런던과 파리를 합하여 총 지출한 금액으로, 절대적인 기준액이 아니며, 항공권과 숙소에 따라 많게는

백 단위 이상 달라질 수 있으니 참고만 하길 바란다.

 파리 여행은 '아이와 함께 유럽 한 달 살기 – 파리'편에서 자세히 다룰 예정이다. 다른 도시로 이동하지 않고 런던에만 머문다면 비용은 이것보다 훨씬 덜 들 것이다.

02 여행경비를 줄이는 몇 가지 팁

'가성비'라는 말이 있다. 비용 대비 만족도이다 보니 같은 곳을 가고 똑같이 즐겼더라도 얼마나 덜 썼는가에 따라 여행의 만족도가 올라간다.

항공과 숙박은 여행 경비를 좌우하는 가장 큰 금액이기 때문에 최대한 저렴하게 예약해야 하고, 노력으로 어느 정도 가능하다.

여행을 좋아하는 나는 마일리지를 많이 모으기 위해 주로 소비하는 분야에서 항공사 마일리지가 2~3배 적립되는 신용카드를 만들어 사용하고 있다. 마일리지를 이용하면 1인 유럽 왕복 이코노미 기준으로 유상 발권하는 것보다 100만원 정도는 절약할 수 있다.

문제는 마일리지 좌석 수가 너무 적고, 다들 1년 전에 예약을 노리기 때문에 한 번에 확약될 확률이 매우 낮다는 점이다. 하지만 '대기예약'이라는 것도 있으니 좌석이 없다고 포기하지 말고, 앞 뒤 날짜까지 대기예약을 걸고 기다려 보자. 단, 출발이 6개월 이상 남았거나 비수기인 경우, 100만원 미만으로 왕복 항공권을 구할 수도 있으니 외항

사 포함 항공권 검색도 꼼꼼해 해볼 것.

　숙소는 하루라도 일찍 예약하는 것이 가장 좋다. 그리고 에어비앤비나 홈스테이의 경우, 여행 기간 중 숙소를 옮기기 보다는 주 단위, 월 단위로 장기 예약을 하는 것이 저렴하다. 무엇보다 집주인과 함께 지내는 것도 경험과 공부라 생각한다면 홈스테이가 숙박비를 많이 절약하는 방법 중 하나일 것이다.

　레스토랑이나 어트랙션은 현지 어플을 적극 활용한다. '그루폰(Groupon)'이라는 어플은 현지 레스토랑, 서비스, 상품 등을 20~30% 할인된 가격에 이용할 수 있다.
　내가 무엇보다 좋았던 점은 레스토랑일 경우 대부분 메뉴가 정해저 있다는 점이다. 세트 구성으로 된 그루폰 쿠폰을 구매하면 애피타이저, 메인, 디저트를 하나씩 주문할 필요 없이 구매한 QR코드를 스캔해서 정해진 메뉴를 내주기 때문에 주문과정도 빠르고, 후기로 인증된 메뉴라 모험을 하지 않아도 된다.
　단, 그루폰에 나오는 레스토랑이 모두 맛집이거나 저렴한 것은 아니니 구글맵 등으로 확인 후 선택하는 것이 좋다.

03 런던의 추억

Q. 런던에서 먹은 음식 중 가장 맛있었던 것은?

딸 : 납작복숭아, 스타벅스의 스테이크 파니니, 옥스퍼드 쇼핑몰에서 먹었던 감자튀김, 사우스켄싱턴에서 먹었던 에그타르트

엄마 : 포토벨로 마켓 가는 길에 먹었던 피쉬앤칩스

Q. 런던에 간다면 또 가고 싶은 곳은?

딸 : 해리포터 스튜디오, 자연사박물관, 포토벨로 마켓, 청설모와 놀았던 그린파크

엄마 : 포토벨로 마켓

Q. 런던 여행 중 아쉬웠던 점은?

딸 : 없다.

엄마 : 추웠다. (5월 기준 긴 팔 자켓 필수) 그리고 라면과 즉석밥 좀 더 챙겨갈 걸..

Q. 런던에 대한 이미지는?

딸 : 유럽은 소매치기가 많고 지저분하다는 얘기를 많이

들었는데 모든 나라가 다 그렇지는 않은가 보다. 엄마에게도 "조심해야 한다" 하도 들어서 많이 긴장하고 경계를 세웠지만, 소매치기도 만나지 않았고 생각했던 것보다 안전했다. 날씨도 좋았고, 환경도 좋아서 밖에 나오면 뭔가 기분이 좋았다. 런던 사람들은 배려도 많이 해주고 친절한 것 같다.

엄마 : 런던 여행을 하다 보니 영국에 대한 두 가지 소문이 바로 이해가 되더라. '영국은 신사의 나라'라는 것과 '런던은 아이들과 함께 여행하기 좋은 도시'라는 것이다.

우선, 전철에서 아이에게 대부분 자리 양보를 해주었다. 아이가 감사 인사를 하고 앉으면 그 옆 자리 사람은 보호자인 내게도 함께 앉으라고 자리를 내주었다. 내가 괜찮다고 두어 번 사양을 해야 그대로 앉아서 가더라. 또 계단에서 유모차를 보면 자연스럽게 어른들이 다가와 함께 들어준다. 무거운 짐을 들고 계단을 오를 때에도 도움을 받았다. 친절과 배려가 몸에 밴 것 같다. 런던에서 지냈던 몇 주 동안 인종차별 같은 건 느껴보지 못했다. 레스토랑이나 마트의 직원들도 영어가 서툰 아이의 말을 그냥 넘기지 않고 귀를 기울여 주었고, 장난을 치거나 간식을 건내면서 아이의 긴장을 해소시켜 주기도 했다. 대체로 어린이들을 배려하고 보호하는 분위기가 강한 것 같았다.

영국인들은 건물에 들어가고 나갈 때는 앞 사람이 뒤에 오는 사람을 위해 문을 잡아 주었고, 사소한 것에도 항상 감사와 사과를 표현했다.

또 대중교통과 대부분의 박물관, 미술관 이용료가 10세 이하는 무료라는 점도 물가 비싼 런던에서 여행을 하는 데 큰 메리트가 된다. 그래서 나도, 아이와 함께 영국 여행을 다녀온 많은 분들과 마찬가지로 '아이와 함께 여행하기 좋은 나라'로 '영국' 특별히 런던을 권하고 싶다.

마치는 말

"이번 여행의 목적은 네가 행복한 거야."

비행기를 타기 전 아이에게 한 말이에요. '영어'나 '공부'가 아닌 '행복'이라는 의외의 단어에 아이가 좀 놀랐나 봐요.

가식을 떨자는 게 아닙니다. 저도 대한민국에서 나고 자라 우리나라의 교육을 받았고, 아이의 중학교, 고등학교 진학을 걱정해요. "누가 어느 학원에 다닌다더라." 하면 잠시 마음이 흔들리는 대한민국 보통 엄마입니다. 그런 제가 한 달씩이나 학교를 빠지고 여행에 집중할 수 있었던 이유는 아이가 새로운 것을 많이 보고, 듣고, 놀라고, 느끼고, 생각하고, 더 궁금해 하기를 바랐기 때문이에요. 그렇게 여행에서 행복했던 느낌과 기억을 많이 가져와 앞으로의 인생에 종자돈으로 삼기를 노리는 거죠.

비싼 비용을 지불하며 먼 나라로 여행을 떠나는 것만이 아이를 위해 해줄 수 있는 최선이라고 말하는 것은 아닙니다. 새로운 경험을 많이 할 수 있도록 기회를 만들어 주는 것이 부모의 역할이라면 이번 여행을 통해 아이의 인생에 작은 점을 하나 찍었을 뿐이고, 이 점들을 이용해 선과 면을 그리는 것은 아이의 몫이니까요.

또 다른 여행지를 꿈꾸며

저는 이제 또 다음 여행을 고민해요. 어디로 갈까 매일 밤 지도를 펼치고, 아이의 관심사를 살핍니다. 아이의 흥미와 여행이 만난다면 훨씬 더 좋은 효과가 나겠죠? 언제 어디에서 스파크가 튈지 모르니 최대한 아이가 깊고 진하게 여행을 즐길 수 있도록 우린 그냥 아이의 여행을 응원해 주면 됩니다.

부록

짐 싸기 체크리스트

서류			의류신발		
서류	여권(+사본)		의류신발	계절 의류	
	여권사진			속옷	
	항공권(왕복)	✓		양말	
	가족관계증명서(영문)			잠옷	
	숙소예약확인서			운동화	
	입장권/투어 예약확인서			샌들/크록스	
	해외사용카드			우비/우산	
	(트래블월렛, 컨택리스카드)			모자	
기타	로밍/유심/이심			선글라스	
	충전기(휴대폰/노트북 등)			크로스백	
	보조배터리			백팩	
	전기플러그/멀티탭			일회용슬리퍼	
	화장품(로션/UV차단제/		아이학습	학습지/학습기	
	마스크팩/비비크림 등)			수첩+필기도구	
	클렌징		음식	즉석밥, 누룽지	
	샴푸/트리트먼트/머리빗			라면, 컵라면	
	칫솔/치약			반찬(캔김치, 김 등)	
	휴지/물티슈/위생용품/손소독제				
	상비약(진통제/해열제/감기약/				
	소화제/지사제/연고/밴드 등)				
	영양제/비타민				
	텀블러/얼음트레이				
	돗자리				

런던 QR 여행 지도 *후기를 남기고 원본 파일을 요청해 주시면 보내드려요.

CAFE

캠든마켓

세인트판크라스

영국박물관

내셔널갤러리

런던타워

타워브리지

테이트모던

더 샤드

그리니치 천문대

임스파크

버로우마켓

런던아이